不杀生的饮食

尹邦志⊙著

四川大学出版社

责任编辑:谢正强
责任校对:童际鹏
封面设计:墨创文化
责任印制:王　炜

图书在版编目(CIP)数据

不杀生的饮食 / 尹邦志著. —成都：四川大学出版社，2014.8
ISBN 978-7-5614-7953-7

Ⅰ.①不…　Ⅱ.①尹…　Ⅲ.①全素膳食-文化　Ⅳ.①TS971

中国版本图书馆 CIP 数据核字（2014）第 184004 号

书名　**不杀生的饮食**

著　者　尹邦志
出　版　四川大学出版社
地　址　成都市一环路南一段 24 号 (610065)
发　行　四川大学出版社
书　号　ISBN 978-7-5614-7953-7
印　刷　成都蜀通印务有限责任公司
成品尺寸　148 mm×210 mm
印　张　5.25
字　数　136 千字
版　次　2015 年 6 月第 1 版
印　次　2015 年 6 月第 1 次印刷
定　价　20.00 元

◆读者邮购本书,请与本社发行科联系。
电话:(028)85408408/(028)85401670/
(028)85408023　邮政编码:610065
◆本社图书如有印装质量问题,请
寄回出版社调换。
◆网址:http://www.scup.cn

目 录

慈悲清净观

正直方便观

养生延福观

庄严国土观

引言

饮食是性命攸关的事情，没有哪一种生物能够离开饮食。不同的饮食带来不同的生活情趣，也带来不同的生命境界。古往今来的人们，无论是凡夫俗子还是圣人贤达，无不对饮食津津乐道。他们积累下来的智慧，有的犹如江河，有的如同波浪，都不断地推动、启迪、激励着人们，使一代比一代吃得更丰富，吃得更开心。

生活在现代社会，物质文明发达，文化交流频繁，人们不仅对饮食有了新的要求，而且在谈论饮食时流露出了全然不同于以往的表情。因为我们拥有的饮食丰富得史无前例，我们从饮食中感受到的快乐与痛苦史无前例，我们对饮食关注的深度和广度同样史无前例。在大多数地方，人们不必吃了上顿愁下顿，有了衣食的自由。但自由往往让人晕眩，费了九牛二虎之力争取到了，还来不及高兴，一下子就被它弄得不知所措，一片茫然，有时候觉得连吃都不会似的。

好饮食的确不少，可是很多人却无法消受。一段时间以来，吃得越“好”，罹患饮食“文明病”的比率就越高。肥胖、糖尿病、高血压、高血脂、冠心病不仅吞噬着城市人的健康，更把它的重拳毫不留情地打向那些刚刚解决温饱问题的广大农村地区。营养学家警告说：文明人痛快地吞进了“文明病”。世界卫生组织（WHO）也站出来宣布：营养过剩和生活方式疾病已成为威胁人类健康的头号杀手。

我们讲“性命”，饮食不光关系着我们的“命”，还深深影响着我们的“性”。实际上二者是不能分开的。无论一个人的精神境界是高还是低，他都要求饮食不仅能够果腹，而且要吃得高兴。让人情绪抑郁、性情恶劣、心灵空虚的饮食，不仅会降低精神的享受，而且有损于生命的质量，后果不堪设想。营养学家批评风靡全球的“快餐文化”，指责它不仅蚕食着世界各地的饮食文明，而且与心理压抑、性格扭曲、暴力犯罪、酗酒、吸毒等社会问题都有关系。2003 年泛滥成灾的非典型肺炎，更足以说明不顾人性地捕食野生动物要遭受报应。

中国大地广为传颂着一首《醒世歌》，深刻地道出了饮食和战争之间的关系：

千百年来碗里羹，冤深似海恨难平，
欲知世上刀兵劫，但听屠门夜半声。

有鉴于此，西方发达国家比我们先行一步，正在大力提倡素食主义。西方素食主义的本质是尊重、敬畏所有的生命，爱护动物。拥有高智商、高科技的人类的确有能力虐待动物，乃至食其肉、饮其血、寝其皮。但是，动物不仅是我们的同类、朋友，而且与我们的生活乃至生命息息相关，吃动物无论对于我们的身体和心灵都是有害无益的。相反，少吃肉类食品，多吃谷物和蔬菜，不仅可以预防许多疾病、延缓衰老，而且可以培养平和健康的心灵，陶冶高尚的情操。许多有识之士都正在致力于从厨房中清除暴力，恢复生存的品质。

素食主义有着悠久的历史、众多的流派，其中最为有名的，就是佛教的素食主义。一提到佛教，人们很自然地就会联想到素食。佛教界制作的“斋菜”在历史上享有盛誉，不少高僧大德常年持斋而安享福寿康泰，使斋菜传播久远。在中国，斋菜自成体系，与四大菜系并列至今。人们将它奉为“养生菜”，视作“不味众珍”“平易恬淡”的传统养生之道的典型。

在大乘佛教流行的地区，很多人把吃素作为衡量佛教徒的基本标准。佛教在创立之初就制定了明确而严格的饮食制度，强调慈悲为怀、呵护众生。千百年来，这一饮食原则就像长鸣的警钟，始终提醒着人们去关注“吃什么”的问题，关注饮食与人类文明的深刻联系。

慈悲护生，并不是为了向某个宗教神明邀赏。相反，它严谨地体现在日常的一举一动中。丰子恺曾记述弘一法师一件事。弘一法师坐丰家的藤椅，总要先轻轻摇动椅子，然后再慢慢坐下去。每天如此，好像很有讲究。原来，这椅子里头，两根藤之间，也许有小虫伏着，突然坐下去，要把它们压死。先摇动一下，慢慢坐下去，好让它们走避。听到这个故事，也许有人要笑。现在倒是经常看到年轻的父母教育宝宝要有爱心，要有公德，不要践踏花草，不要虐杀动物，转身却带着小孩到菜市场点杀鸡鱼，驱车到郊外垂钓打猎。这样的爱心教育，怎么能培养出诚实而富于慈爱的心灵？

或许有人会问，一个素食的佛教徒究竟是遭受了清规戒律的束缚，还是享受了素食的快乐呢？

应该说，人们更多地享受到的是素食带来的健康美味。素食仿佛能将人带入一种朴素悠远的境界，有着无穷的快乐。子曰：“饭蔬食，饮水，曲肱而枕之，乐亦在其中矣。”谁说夫子受到了清规戒律的限制呢？他崇尚朴素清淡的生活方式，难道不是既有仙风道骨，又有生活情趣吗？李笠翁的《闲情偶寄》把素食描绘得特别优美：“吾谓饮食之道，脍不如肉，肉不如蔬，亦以其渐近自然也。草衣木食，上古之风，人能疏远肥腻，食蔬蕨而甘之，腹中菜园，不使羊来踏破。是犹作羲皇之民，鼓唐虞之腹，与崇尚古玩同一致也。所怪于世者，弃美名不居，而故异端其说，谓佛法如是，是则谬矣。”

饮食中的人注重的是品味，讲究清、洁、芳馥、松脆，讲究色、香、味、形，自然要先蔬菜而后肉食。然而蔬食之美还不在此，它能够打败肉食而居于上品，还在于一个“鲜”字。“鲜”才是各种味道的源泉，不可比拟。这一点，现代城市居民的体会恐怕比古人更深。

其实，无论东方还是西方，素食都是长期的传统习惯，极其自然，无须美化，也无须丑化。如人饮水，冷暖自知。只是到了近代，人们的饮食习惯变了，才觉得素食仿佛有些古怪，并用显微镜来仔细研究它。然而，从人的生理结构、营养需求、饮食习惯等方面来看，素食都更加自然。笔者所接触的佛教徒中，有一些是茹素的，时间有长有短，身体健康，心理也正常，既没有身陷戒律之苦，也没有流露出自命不凡的表情。如果不用另类的眼光去审视，谁又知道他有没有不同寻常之处呢？

就我个人而言，开始吃素乃是由于运气。在此之前，对佛教的素食既没有深入地了解，也没有格外地赞赏，更没有一点准备。出家的师父劝告吃素，出于对他的信任，就这样一路吃了下来。开始阶段也禁不住吃几回肉，但肠胃已渐渐表现出不适应，加上也没有品尝到什么特别的味道，反而少了素食的清纯，也就不再受到诱惑了。有人认为吃素会给周围的人带来麻烦。我却没有这样的遭遇，家人、朋友都很宽容，并没有多少偏见。有的朋友偶尔也善意地揶揄、劝阻一下，时间久了，渐渐也就习惯了。吃素的甜头是很明显的：身体变好了，精神更清爽了。以前成天懵懵懂懂，郁郁寡欢，杞人忧天，吃素半年以后，就逐渐心情开朗，心安理得了。这种转变，真是踏破铁鞋无觅处，得来全不费功夫。

不过，我更高兴的是素食所带来的自由。佛教追求解脱，佛教的饮食作为一种重要的方便，也会给我们带来一些解脱的感受：习惯了不吃肉之后，就会相信，没有什么东西是非吃不可的。一个凡夫俗子，固然不可以不吃饭，但大可不必为“吃什么”操心如焚了。许多人坚持，吃素的人要注意营养调配。就我而言，除了遵从家里人的提醒，多吃点豆腐外，从来没有特别留意过饮食结构。其中的原因除了懒惰，主要是想当然地认为，既然“罗汉菜”简简单单地把几样青菜萝卜混起来一煮，就可以帮助僧人们延年益寿，也就不必迷信那些朝秦暮楚的营养学理论。后来看到国外的素食主义者所写的书中说，不必刻意搭配蔬菜品种以求获得足够的蛋白质，便有点窃喜了。

素食所带来的自由，是一种生活方式的自由，也是心灵的自由。现在有人把素食主义奉为城市贵族生活群体的新的营养哲学，如果能够跻身贵族行列，我自然会非常高兴。如果不能的话，以我的素食跻身贫民当中，恐怕也没有什么大的问题。这样，我又一次获得了解放，其中的高兴，与当上了贵族的想法又有些不一样。

一位朋友给自己的生活划了一条线：不为五斗米折腰。我希望佛教的素食主义能够帮助人们在这一水平上飞翔。一个人如果不再坚持吃肉，当他看到牛被杀时潸然泪下的样子，看到一幕幕的悲剧在身边上演，他去爱护动物、去放生就极其自然。当然，一个坚持放生的人，也可以做到不吃肉，二者并不矛盾。自由与慈悲，二者相互照亮，相互为对方贡献了巨大的空间。许多佛教徒从茹素、放生开始，最终感召了极乐世界的光芒。谁不愿意享受极乐呢？极乐世界在哪里，在现实生活中，还是在另外一个地方？我现在还不知道，但我也向往这样的快乐。或者，至少希望将来，将来的将来，能够过得更加幸福。

也愿意越来越多的人享有这种幸福。

慈悲清净观

食因爱生，作不净观

有一位沙弥酷爱吃奶酪。每当师父把居士们供养的奶酪分给大家，这位沙弥也得到一点时，心中都会喜不自胜。他把奶酪放在手心把玩，片刻不离。命终之后，他投生为一只虫子，住进了师父装残酪的瓶子中。师父已得阿罗汉道，分酪时总不忘提醒大家不要伤到虫子。他说："这只小虫就是我的小沙弥，只因贪爱残酪，投生在此。"每次分酪，小虫都蠢蠢欲动，师父一边问候他，一边分给他一些残酪。

——《大智度论》

四 食

这个故事说明，饮食与爱欲密不可分。佛陀说："一切众生皆依食住"，众生由四种"食"而得生存：

1. 段食，又称抟食，即固体、液体食物。它能引起香、味、触的感受，有体积大小、口感粗细及餐次的不同，需要分段而食，因而名为段食。

2. 触食，又叫乐食，指各种生理快感及能够引发快感的东西，如肌肤相亲、轻衣薄纱、阳光沐浴等。美景当前，秀色可餐，所以有触食。

3. 意思食。如望梅止渴，心中生起的希望、爱恋等念头，能缓解生理的紧张，让人安乐、舒泰，相当于通常所说的"精神食粮"。

4. 识食，佛教认为心识能支持有情的身体、寿命，故名食。执著身心为我的潜意识活动，即为识食。

在佛教的饮食地图上，色界无段食，以触食为主。欲界有四食。人间以须弥山为中心，东、南、西三方的人以米饭、干粮、麦粥、肉、鱼为段食，以衣服、被子、沐浴等为触食。北方人吃的是洁净的自然粳米，味道天然，不像我们的谷物需要去皮筛糠。人间之外，鬼趣以思食为主。湿生众生以触食为主。卵种众生吃触食。地狱中及无想天众生吃识食。翱翔高空的大鹏金翅鸟吃龙，龙吃鱼鳖等。阿修罗道的众生吃清净段食。欲界六天以自然食为段食，以轻衣华被、浣浴戏水为触食。天的层级越高，食物越精细。

一切诸法也非食不存。如眼以色和睡眠为食，耳以声音为食，鼻以香为食，舌以味为食，身以细滑为食，意以法为食。大海食大河，大河食小河，小河食大川，大川食小川，小川食山岩溪涧、平地水泽，溪涧、平泽食雨……涅槃也有食——以无放逸为食。

“四食”范围广博，深入到了精神领域。日光、树影、火热、风凉……一切能满足人的需求、滋润现前的生命、关系未来再造的东西都是“食”。佛教讲万法唯心，食物也不例外，归于一心。其他三食自不待言，段食也属于感知的范畴，不仅仅是所谓“物质”。只有那些能够正常消化、引起食欲、让人在吞咽时心情舒畅、身体受用的东西才叫食物。一旦吸收之后，变成粪便，这样的“物质”不能叫食物。总之，段物并不等于段食，一切食物都不能离开身心来谈。

身心对饮食的作用就是“爱”。《中阿含经》201经中说：

> 彼四食者，因爱，习爱，从爱而生，由爱有也。

爱名贪染，是一切“物”转化为“食”的条件。按十二缘起支的顺序，“食”排在“爱”的后面。眼、耳、鼻、舌、身、意六根和地、水、火、风四大种，它们与各种境界相触，生起苦、乐、不苦不乐等“受”，由“受”而有“爱”。众生由深爱自己而求“取”四食，用来滋养身心。由此而造作身、口、意三方面的“业”，摄受后“有”，经历“生老病死”，轮回不已。所以经中说“爱集是食集”。

爱本身也需要饮食，否则它就会枯萎。《中阿含经·习相应品食经》中说，爱以“无明”为食。无明又以贪欲、嗔恚、惛眠、掉举恶作、疑惑犹豫等五盖为食。五盖以身、口、意三恶行为食……这个链条中，没有一个起点，没有一个基点，没有什么实体，所以，爱仅仅就是污染，离开了它的食物，爱本身什么都不是。正因为爱什么都不是，所以爱结一松开，就有了从轮回中解脱的可能。凡夫与圣哲，就从这一条线上分开。

凡夫之所以为凡夫，就在于不能舍弃染污。《大智度论》中说，一个修净洁法的婆罗门到了不净国，为了免遭不测，决心只吃干净食物。他发现一位老太太卖白髓饼，看起来还干净，味道也不错，也不细问，就要她天天送来。然而，开始时送来的饼还白白净净的，渐渐却变得无色无味了。原来，老太太的东家夫人隐处生痈，要用面、酥、甘草等敷在上面治疗，等待痈熟脓出之后取下，和成面团，做成酥饼，所以有滋有味。随着病情好转，脓血减少，饼的滋味也就越来越淡。要继续吃这种味道，还只好到别处想办法了。婆罗门一听，不可遏止，顿足捶胸，哇哇呕吐："我怎么会破了净法呢！我完了啊！"不顾一切，奔回本国。

不净饮食

佛经的语言常用隐语。营养学对食物污染及其致病后果解释得更直接一些。

一、现代饮食中的致病因子

1. 动物性脂肪、蛋白质摄取过量→心血管病变（如心脏病、脑中风）、癌症、胆结石

2. 高动物性油脂、滥用荷尔蒙（性激素）→乳癌、卵巢癌、子宫颈癌、前列腺癌（肿大）

3. 高钠、重口味→高血压、肾病变

4. 甜食、高热量→肥胖症、糖尿病、心血管病变、关节炎

5. 缺乏纤维素→便秘、痔疮、憩室症、直肠癌

6. 食用油过度加热、劣变→癌

7. 动物蛋白质摄取过量→血液偏酸→骨质疏松症

8. 烟、熏腊制品→胃癌、鼻咽癌

9. 经辐射线处理之物→致癌、破坏酵素

10. 滥用抗生素→破坏免疫力及体内正常菌群

11. 化学添加物→a）增加肝、肾负担

b）致癌

12. 农药→致癌，破坏肝、肾功能

13. 戴奥辛→致癌、初生婴儿残障、流产

14. 黄曲霉素→致肝癌

15. 餐饮卫生不良→A 型肝炎、肝硬化、肝癌

二、荤食的弊害

1. 畜肉

猪吃人的剩食，也容易得肝炎、肝癌。且猪得病不会有黄疸现象，因此不易觉察。而人吃病猪的猪肝、猪肉，最多100℃煮沸，如此是否就能彻底杀死病毒，令人怀疑。吃饲料的猪受到的污染程度更高。此外，水、草污染严重，导致畜肉中积存许多毒素。有些病症很可怕。例如绦虫病——一种有毒的微生物导致的疾病，十分之九来自猪牛肉。肺病，吃牛肉传染最多。虎列拉疫症中的豚虎列拉症，主要来自猪肉。尿酸，因肉食而增加，使血流迟滞，易生痛风等症。肉食能灭却人体抗癌的力量。食肉后饮茶过多，容易引起肾脏炎。牛病多用抗生素药物治疗，其肉可能致癌。

2. 禽肉

现代养殖业大量使用荷尔蒙，可使养殖周期从传统的一年缩减到两个月。但荷尔蒙过量造成女性易患乳癌、子宫内膜癌、月经不调、不孕；男性精子变少。水池中的鸭，吃、喝、拉、撒都在水池中，饲料不仅发臭，而且在水池中发酵，污染非常严重。鸭吃的鱼、虾，是鸭肉造成过敏的因素之一。

3. 鱼类

池中鱼和鸭有相同的污染。深海鱼因海洋污染，也有重金属含量过高的情形。

4．奶蛋类

母体的污染毒素含量高，使奶、蛋也不得幸免。此外，蛋白质含量高的奶蛋会造成黏膜免疫系统功能下降，导致分泌物更黏稠，鼻纤毛不易摆动，扫除入侵细菌的能力减弱，因而打喷嚏、鼻子过敏，也易造成皮肤痒，或异位性皮肤炎等。

三、杀生的过程

美国营养学家奥云柏列博士撰文说，动物活着时，一定要将体内废物排去，但一经宰割，废物便积存下来。食肉，就等于把畜类的废物吸入自己体内。尿素与尿酸是最显明的肉类废物。法国化学家健德发现，禽兽痛苦剧烈时，“疲毒”顷刻间布遍全身，它对人体有大害。美国心理学家蒙爱尔·马凯的实验显示，心理剧烈变化时，会分泌相应的化合物，甚至口中呼出的气体，颜色也明显不同。其中，忿恨时分泌的化合物最复杂，最毒。

看来，佛经中所说的肉是“脓虫住处”并非向壁虚构。

依食修行

众生之所以贪恋饮食，是因为“我爱”。打个比方，一个人看见别人吃果子，口中涌出唾液，就认定有一个“我”在想果子的事，从而执著一个“我相”，非满足“我”不可。事实上，催生唾液的力量是“念力”，而不是“我”。如果真有这样一个“我”，那么，在众目睽睽之下垂涎三尺时，应该可以轻而易举地咽回去，但往往事与愿违，抑制不住，可见无我。

众生不承认“无我”，所以“我爱”是比不净饮食更复杂、更毒的贪染。它的毒性可使人丧尽天良。《受十善戒经》说，巴连弗邑大城中有一位仕女提婆跋提。她的儿子俊俏如红莲花天女，无与伦比。

她告诉佛，即使自己被大火烧成灰烬，也决不放弃母爱！佛以神通力化作四个夜叉，各擎火山，从四面而来。火在远处时，母亲还以身体、衣服遮蔽、保护儿子。火焰越来越近时，她却把儿子举在前面，用他来遮蔽自己的脸蛋。佛批评这位母亲，她却说："世尊！只求您救救我，儿子我顾不上了！"可见，母爱诚然是伟大的，然而没有经过升华的母爱终究敌不过"我爱"，难免被无明愚痴所吞噬。

众生由"我爱"而贪食。"我爱"是无明的核心，轮回的根本，一旦我爱断除，就斩断了无明的头颅，可以获得解脱。最基本的方法，是从"不净观"做起，先割断对身体的执著，渐渐获得清凉。"不净观"的内容和方法都有很多，为了避免繁琐，以《清净道论》所观"十相"，列举一个大概：

1. 膨胀相：命终后尸体渐渐膨大，如吹满气的皮囊。

2. 青瘀相：尸体变色，肌肉隆起处呈暗红色，脓所积聚处呈白色，其余呈青紫色，如被青衣所缠。

3. 脓烂相：血肉破坏之处流出脓来，令人心生嫌恶。

4. 断坏相：尸体从中央剖开，或肢解而尚未离开。

5. 食残相：尸体暴露荒郊野外，为野狗、野狼、鹰鸟食啖。

6. 散乱相：尸体肢解，一处是手，一处是腿，另一处是头，四处散乱横置。

7. 斩斫离散相：尸体为刀所砍而肢节散乱横置。

8. 血涂相：尸体为血所涂污，或流出的血四处沾污。

9. 虫聚相：尸体腐烂为蛆虫所附。

10. 骸骨相：尸体已枯，只剩白骨。

不净观是治贪病的，佛教中饮食也是当"药"来用的。这是佛教饮食观的一个特征。饮食用来治疗饥渴和四大增损的病，当然是药。除了治病，药还是少碰为妙。如害病生疮的人用酥油涂身，不会觉得这是按摩、装饰，不会觉得快乐、骄傲，对于饮食，也不应贪恋。“药”的说法，既不是极端的禁食主义，也不会陷于纵欲，是一种中道。

《杂阿含经》中，佛要求弟子观察段食，无所贪恋。譬如有夫妇二人，唯有一子，无限疼爱，尽心养育，无微不至。然而在度旷野险道时，粮食耗尽，饥饿困极。无计可施时杀死儿子，含悲垂泪，强食其肉，以免三人同归于尽。一个佛教徒的食物仅仅是用来维持肉身的，进食时应抱着如食其子的心态。

观察触食。譬如有牛，生剥其皮，沙土磨擦，草木针刺。若在地上，地虫吸食。若在水中，水虫吸附。若依空中，飞虫蚁聚。行住坐卧，苦毒逼身，没有片刻消停。应如此观察触食。

意思食无形无相，应当更加警惕。譬如城市、村庄边起火，虽然有所障碍而不见火焰，聪明人却可以通过种种迹象作出判断，及早回避。应当这样观察意思食。

观察识食。譬如国王设有巡逻队，抓捕盗贼。时常观察自心，如有喜、贪等妄念分别，立刻擒住，不使其酿成恶果。

爱食杀生，作慈悲观

杀　生

今天，大多数人都知道要尊重生命，要培养爱心，然而一旦美食当前，爱心却可以抛到九霄云外。饕餮之流无论怎样纵欲都振振有词。荒谬的是，贪欲总是蒙着“爱”和“高雅”的轻纱。媒体报道，昆明某商家将食品放在美女的裸体上，在大庭广众之下供人舔食。真不知道，人是在吃进爱欲，还是要被爱欲吃掉。

人因为爱而进食，结果却往往是为欲爱所食，只剩下欲乐、娱乐，不计后果。说到娱乐，人们总是不以为然。但是，当生命被作为玩具的时候，我们还能这么超然吗？春天，万物复苏的季节，孩子们也在杀生上面大显身手。把蚯蚓挖出来，穿在鱼钩上钓鱼。拣一些柴，把鱼烤熟了吃。捉住青蛙，用一节麦秆从肛门插进去，向青蛙的肚子里吹气，青蛙的肚子渐渐膨胀起来，四肢不停地挣扎，最后痛苦地死去。到草丛中抓蚂蚱，用火烧来吃，甚至生吃，以示勇敢。杜甫从中看见的不是儿戏，而是人性的恶化、战场上的厮杀：

干戈兵革斗未止，凤凰麒麟安在哉？
吾徒胡为纵此兵，暴殄天物圣所哀！

有一种欲乐，叫作“杀生欲乐”。心中常怀惨毒，出于贪、嗔、痴、慢、疑，咒杀生灵，破决湖池，焚烧山野，畋猎渔捕，顺风放火，飞鹰放犬，恼害一切生灵。或者挖掘陷阱，埋设机关，刺杀珍禽异兽；或者弹射飞鸟，网络鱼鳖，使水陆空行藏窜无地；或者畜养鸡、鹅、鸭、猪、牛、羊，请人宰杀，自恣贪欲。或者兴师动众，穷兵黩武，两阵相向，相互掠杀。或者自己动手，或者怂恿别人，以种种手段残害众生，浇除心中块垒，图一时之快，都是杀生。

中国北方某饭店，秋雨淅淅沥沥，空气中一片肃杀。屠夫把驴圈在铁栅栏里，用滚烫的开水一次又一次地往它身上泼去。驴浑身发抖，上蹿下跳，团团乱转，两眼圆瞪，声嘶力竭，让人汗毛直竖。渐渐地，驴身上的毛全部脱落下来，赤红的身子上，血管清晰可见。剧痛使它体力不支，濒临昏厥，悲鸣声断断续续。这时，更可怕的一幕出现了。屠夫们搭起一个铁架，把驴悬空吊起，干柴烈火，活烧驴身！一边烧火，一边还恬不知耻地说：“烧烤的驴肉最好吃！人间第一美味!”熊熊的烈火燃起来了，围观的人们麻木地张望。驴的惨叫声与烤肉的“嘶嘶”声交织在一起，浓黑的油烟笼罩着四周。当干柴化为灰烬，烧焦的驴粘在铁架上，散发出一种说不出的味道。

历史上的“炮烙之刑”臭名昭著，暴君也由此而被永远钉在了耻辱柱上。人的痛苦莫过于被判死刑，动物被宰杀的过程中在精神上和肉体上所受的折磨都比死刑更甚。藏地的牛羊运到成都，路上需要两三天，市场上要等两三天，屠宰场还要消耗七八天。十几天里，为了保证牛不消瘦，让它反刍，有人用钉子钉住牛的上下颌，有人把牛舌头拉出来和下颌钉在一起，总之让它吃不到一根草，喝不到一滴水。牛不习惯站在车上，一路颠簸中，总是胆战心惊，全身力气都用在四个蹄子上，几天下来，牛蹄都折断、脱落了。有时候，牛渴得疯狂，会亡命地跳下疾驰的汽车，奔向路边的小河，结果是伤筋断骨，惨不忍睹。到了屠宰场，他们被关进黑暗肮脏的棚子里，又急又渴又痛。挨过十几天后，被赶进一条又窄又深的通道，一听到里面的机器声和同伴的惨叫声，就吓得魂不附体，泪流满面。尽管使出了牛劲，结果还是被机器拖走。有一个记者前去采访，半路就被惊得落荒而逃。为了避免牛的挣扎，工人先用钢钎把牛的眼睛刺瞎，再往里面赶。牛刚刚进去，大铁钳就夹住它的后腿，把它倒吊起来，随着传送带运进去，用刀切开喉咙、血管，要命的是它不会当场死去，胃里的东西倾泻而出，垂死挣扎也无济于事。随着传送带再往里送，牛被活生生地剥皮、开膛破肚……人的死刑恐怕也没有这么残忍。

商业宣传上说，屠杀动物的方式已经变得非常人道了。这的确迷惑了许多天真的人，让他们吃肉时沾沾自喜。不幸的是，人道的杀生是一个彻头彻尾的谎言。食用动物的一生都是扭曲的——人工繁殖、残酷阉割、荷尔蒙刺激、饲料喂养、长途贩运……“人道的屠杀”这个词本身就让人觉得别扭。

“人道的屠杀”只是透露出人们不仅已经习惯了杀生，而且已经习惯了以自己的“德行”来美化杀生。“人道的杀生”是什么德行？不过是从物种的优越性来找借口，以“权利”来支撑自己的行为，以“权利”来设定自己的德行。这是多么严谨的逻辑！于是，在现代运牛的车船上，出现臭名昭著的贩卖奴隶的轮船上的那些罪行，而且更加恶劣。奴隶制取消了，杀食动物的制度仍然四海横行。但是，如果“权利”这个东西确实存在——无论是感觉上的，还是习惯上的——就不能只给人而不给动物。因为公正和慈悲对二者都是同样适用的。痛就是痛，不论人还是动物，遭受痛苦的时候就是在忍受恶。动物没有招惹人，没有得罪人，借口权利而满足恶愿，施恶于他，这是残忍的，不公道的。

慈 悲

不知道佛陀是否预见到了今天的情况，他坚持有食物就有诤斗、有苦、有烦、有热、有忧戚和邪恶，有食就有生死。佛教的各种大戒中，杀生都列在首位，罪大恶极。很多宗教都有不杀生这一条戒律，不过一般专指不杀人。佛教的不杀生，包括了一切有情有识的生命。

为了众生，佛陀宣扬“慈悲”。给予快乐为慈，拯救痛苦为悲。慈悲有三种：

1. 生缘慈悲，观一切众生犹如赤子，与乐拔苦。这是凡夫的慈悲、最初的慈悲，又叫小悲。

2. 法缘慈悲，开悟诸法无我的真理，怜愍有情迷恋于贪、嗔、无明，终日奔忙，起惑、造业、受苦，菩萨以智慧随顺众生，与乐拔苦。这是阿罗汉及初地以上菩萨的慈悲，又叫中悲。

3. 无缘慈悲，佛所特有的平等的、绝对的慈悲，特称为大慈大悲。

慈悲是佛道的根本，慈悲到极点就成佛。但吃肉杀生却会使这一切付诸东流。《梵网经》说：“夫食肉者，断大慈悲佛性种子，一切众生见而舍去。”杀生自肥是残忍的，这种人身上有一股躁气，畜生都会避而远之。屠夫入村，狗见了会惊吠。素食之人宅心仁厚，一切众生都喜欢亲近。佛经中说，惊恐的鸽子无意间扑腾到佛的怀中，居然一下子就安静了下来。慈悲揭示了生命的奥秘，所以是佛道的根本。

慈悲心是无量无边的。常听人说“仁至义尽”，却没有人说“慈悲已尽”。《大智度论》中说，一只仙鸽在雪山中生活得优游自在。它看见一个人在漫天大雪中迷失了方向，饥寒交迫，命在旦夕。仙鸽便飞上飞下，找来火种，又辛辛苦苦衔来一堆柴，点燃，给他烤火取暖。那人缓过来了，仙鸽又投火自焚，以自己的肉布施给这个饥饿的人，让他果腹。这是慈悲无尽的一个事例。

无尽慈悲与真理一致，超越了一时的良心发现、善良冲动。它能带领我们进入诗意的栖居：

青山不识我姓氏，我亦不识青山名，

飞来白鸟似相识，对我对山三两声。

这种物我两忘的境界，似乎已经消失在地平线之外了。我们到处寻找乌托邦，难道不正是我们自己破坏了原本就是乌托邦一样的生活吗?

慈悲从戒杀护生做起，戒杀从饮食开始。佛禁止一切弟子为饮食而听任别人为自己杀生。戒律中还禁止比丘求索美味：除生病者外，若比丘到诸白衣家，求乳、酪、酥、油、鱼、肉，吃了就犯波逸提。波逸提，堕罪，由此罪堕落于地狱，故名。

不杀生，关键是不要有杀心。佛在世时有一位妇人，趁丈夫在外而与人私通有孕，一位比丘应请帮忙找药堕掉。事后，比丘心中忐忑，向佛咨询。佛问当时的动机，回答是“杀心”。佛说，犯了“波罗夷”罪。这是戒律中最严重的罪之一，犯者退没道果，犹如断头不能复生，不得再入僧数，死后堕阿鼻地狱。

只有时刻警惕，头脑清醒，如履薄冰，才能真正避免杀生。有一位阐陀比丘饮水时，居士告诉他水中有虫，他说只饮水，不饮虫，被讥为缺乏慈悲心。佛以此事为缘结戒：若比丘知水有虫，若取来浇泥、食用，波逸提。除了动物，杀死草木也犯波逸提。有一位胖比丘命终，大家把他抬出来放在草地上，脂液漫流，杀死了一些生草。外道看见，讥讽说：“沙门释子自诩慈悲，怎么又伤杀生命呢?”佛知道后说：“不应放在生物上，应埋地下，或用火烧，或放在石头上。”可见，慈悲之心理应无微不至。

菩萨常行十善道，为众生发菩提心：“严谨持戒，刻苦修行，如果成佛，让我的净土中众生不遭受这些厄运!”菩萨修行，宁愿千百次舍弃自己生命，绝不轻易杀害芸芸众生中的任何一位，一定慈悲护念。本生故事中说，释迦牟尼佛前生曾做王，名尸毘，有大慈悲心。由于当世无佛，天帝释提桓因成天忧心忡忡。巧变化师毘首羯磨天对他说，尸毘不久当作佛！帝释于是与他一起前往试探。毘首羯磨化作一只赤眼赤足鸽，释提桓因变作鹰，在后面猛追。鸽飞入尸毘王腋下，战战兢兢，寻求保护。鹰飞到一棵树上，威胁说：“尸毘王，还我鸽，此鸽归我!”王不答应。鹰说：“大王要度一切众生，我难道不是众生之一？为何既不慈愍，反而还要夺我今日口中食?”尸毘王问它要吃什么，鹰说：“我要吃新杀热肉!”尸毘王便让人持刀来，把大腿上的肉割下来喂鹰。鹰又要求肉的轻重与鸽相等。拿秤来称，鸽子重，尸毘割的肉轻。全身的肉都割下来了，还是不够。尸毘以鲜血淋漓的手攀在秤上，想把剩下的骨头脑髓都拿出来，称够鸽的重量。鹰劝告说：“不如把鸽还给我算了!”尸毘王坚持不肯，然而肉尽筋断，不能自制。自责道：“一切众生堕忧苦大海，你一人立誓欲度一切，怎么怠闷了！此苦相比于地狱，不及十六分之一。我尚且如此迷乱，何况地狱中众生!”于是一心攀秤，心定无悔。这时大地六种振动，大海扬波，枯树生花，天降香雨，天花乱坠，天女歌赞：“必定成佛!”鹰也不再为难。这时，菩萨立誓：“我如果确实是不嗔不恼、一心不闷而求佛道，就让我立即平复如故!”话音一落，身体果然平复如本。

因爱轮回，作因果观

轮回思想

杀生犯下的罪恶，会堕入轮回。

轮回说是印度各宗教、哲学派别共通的思想。佛教借以宣扬善恶由心作，一切因果因心而招感的哲理。今生所作的业为“业有”，它为烦恼所随逐，与心识结合，三者共为因缘，引生的将来的生命，称“生有”。如此循环往复，如车轮一样旋转，展转生死于三界六道之中。但业、烦恼、识三者都不是实体，因此可以通过改造它们来改变命运，获得解脱。“业”不是宿命的制造者，而是人面向未来努力奋斗的根据。升华还是沉沦，完全系于一心。

古往今来，人们总是禁不住会问：轮回是真的吗？《长阿含经》卷七通过童女迦叶与婆罗门弊宿的问答，对这种观念作了详细辩证。

问：我主张没有其他世界，没有再生，没有罪福报，意下如何？

答：我们都同意，日月在其他世界，不在我们这个世界，是天，非人，由此可知，必有他世、更生、善恶报。

问：我有一个亲戚，十恶不赦，死后必入大地狱中。他临终前，我告诉他，如果真的堕了地狱，一定来告诉我。然而他至今未来，可知必无后世。

答：譬如盗贼临刑，哀求刽子手暂时释放一小段时间，等回家辞别了亲人，再来就刑。刽子手肯答应吗？地狱之中，狱鬼无情，死生异世，岂能回来传信？

问：我的另一个亲戚，十善圆满，命终必生天上。我让他回来告诉我天上的事。命终之后，至今仍然杳无音信，可见必无他世。

答：譬如有人掉进粪坑，碰巧被帝王救出，再三清洁，以香汤沐浴，甘露洒身，名衣上服，打扮装饰，百味珍馐，恣其口欲。领进华丽的厅堂，以丝竹管弦、种种娱乐陶冶情操，他肯回到粪坑吗？天上人间如此悬殊，谁想回来呢？

问：我还有一个亲戚，五戒具足。身坏命终，必生忉利天上。我让他回来讲述天福，却是音讯全无，可见没有另外的世界。

答：人间百岁，相当于忉利天上一日一夜。那人初生天上，娱乐游戏二三日再来，能够见到吗？

问：我曾用大锅煮贼，锅内锅外都不见神识有往来之处，可见没有他世。

答：当你做梦时，眷属、侍卫看见你的识神有出入不？生者识神出入尚不可见，何况死者！但用天眼可见众生寿命长短，受报所生善恶之处，必有他世。

问：我曾敕人生剥贼皮、脔割其肉，挑破筋、脉、骨髓，求其识神，都不可见。以此因缘，知无他世。

答：小儿吹灰求火、劈薪求火、臼中捣柴求火，都不能得。若以钻钻木，则可出火。因此，若无方便，皮剥死人而求识神，不能成功。以天眼力，则可彻见。

问：我曾以秤称贼，死后识神已灭，反而更重，因此知道没有他世。

答：如人称铁。熟铁有色，柔软而轻。冷铁无色，刚强而重。人也如此，可知必有他世。

问：病人反复翻转，仍然可以屈伸视听，言语如常，命终之后再也不能如此。从这点就可以知道必无他世。

答：贝壳本身不能发出声音，有手、有口、有气吹它，才能发出哀和清澈的乐音。人也一样，无寿、无识、无息出入，就不能摇头摆手，视听言说。

问：既然行善可以生天，死了比生前还好，您为什么还贪生不肯自杀呢？

答：从前有一位梵志，娶了两个妻子。当他年满一百二十岁，行将逝世时，一个妻子的儿子已经长大，一个妻子刚刚怀孕。大儿子对孕妇说："所有财宝归我！"她回答："等我分娩，生男平分家产，生女分文不取。"儿子再三逼迫，她只好剖腹验明男女，连害两命。婆罗门教就是这样，不仅自杀，还要杀人。佛教则认为，如果一个人戒德具足，长久住世，普度众生，天人安定，为什么非要自杀呢？你应该明白邪恶知见祸害无穷，应及早抛弃。

经过辩论，婆罗门皈依了佛教，尽形寿不杀生，不偷盗，不邪淫，不欺诳，不饮酒。

饮食与业报

佛教认为，饮食是造业而轮回的重要原因。因爱而贪食，投生人间，便注定以金银、珍宝、谷物、牛羊、布匹、奴仆等的生产、贩卖

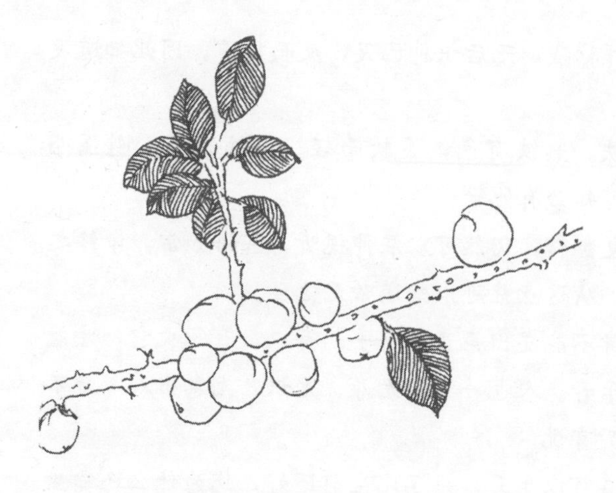

而谋生，受婚姻的煎熬。人、龙、金翅鸟男女交会，身体相触，以成阴阳之事。阿修罗、四天王、忉利天只需身体接近，以气味就可完成阴阳交媾。焰摩天相互接近即可，不必气味。兜率天的异性相吸引时，以牵手完成交会。化自在天以深深的凝视达成，他化自在天只需一瞥，刹那之间实现阴阳交流。自此以上的诸天不再有情欲。

若积累善行，命终之后可生于四天王天。初出之时，状如人间一二岁婴儿。天男在天子膝边生，天女在天玉女股内生。生下来便自知生死果报，想吃东西。一想就马上有众多宝器盛满天味出现。根据福德的上、中、下，食物相应为白色、红色、黑色。食物入口就化，像酥在火中消融无形。若口渴，面前就有天宝器，盛满天酒。酒足饭饱，身体自然长大，如其他天子天女。这时可以自由游走，或到池中游泳，享受清净欢喜。出池之后，到香树边，香树枝叶自然低垂，出种种妙香，流入手中，用来涂身。到衣树下，树也低垂，出种种微妙好衣，即取即著。又有璎珞树、花鬘树，流出种种上好的妆饰品，用来打扮。又到器树荫，众宝杂器，随意入手，携入果林，盛种种果，或噉食，或饮汁。又有音乐树，低垂而出各种乐器，音声微妙。如果步入天苑中，可见无数天女鼓乐弦歌，笑语相向。心生念想，便有婇女前来侍从……欲界六天，享用饮食的情形大体相同。

反之，若累积三恶业，则堕入恶鬼、畜生、地狱中，遭受极大苦楚。饿鬼有无食、少食、大食等几种情形。无食饿鬼长的是炬焰口、针口、臭口。炬焰口中，焰气冲天，自烧脸面，无法得食。悭贪、嫉妒者受此苦果。针口饿鬼腹大如山，口如针孔，面前饮食再多也不得吃。臭口饿鬼遭受剧臭熏烧，置于死地，臭气覆盖口鼻，内熏五藏，在小得若有若无的腹中汹涌澎湃，渴望多少种饮食，就受多少痛苦。这是无食饿鬼。

少食饿鬼，一种是身体肢节长满臭毛针，牢固、坚韧、利长，反刺自身，如鹿被利箭所射，逢物便啮。毛针极臭，被风一吹，气起熏鼻，恚忿难抑，自然吹掉身上的毛。另一种更苦的叫臭毛咽，颈上或咽喉长瘤，自己弄破瘤子，舔食里面流出的腥臭脓血。

大食饿鬼又有弃吐、残食、大飞三种。弃吐、残食饿鬼吃祭祀亡者所剩下的残食，或者街巷四处所遗落的东西。一听到吐声，就像被请去赴宴一样高兴。大飞饿鬼，形象如天子，但有好衣不得穿，好食不得食。无量饿鬼跟从，嗷嗷索食，见了就烦，愁苦得想吐。

饿鬼有三种饮食障碍：外障碍、内障碍、无障碍。外障碍饿鬼是最悭贪的有情投生，常受饥渴，皮肉血脉全部枯槁，犹如火炭，头发蓬乱，脸面黯黑，唇口干焦，常以其舌舐口面，饥渴张皇，处处驰走。所到泉池，为其余有情手执刀杖及罥索排队守护，不能接近。即使接近，见到的泉水即变成脓血，不堪饮用。内障碍饿鬼，即上面所说无食饿鬼，纵然获得饮食，没有其他障碍，也不能啖饮。有饿鬼名猛焰鬘，是饮食无障碍饿鬼，所吃食物都被燃烧，饥渴大苦，未尝暂息。

地狱有八热地狱、八寒地狱、孤地狱三种。各有十六个别处（小地狱），罪业分上、中、下三品，凡犯上品罪业者，堕生大地狱。犯中、下品罪业者，堕生小地狱。杀生最恶，必定堕落极剧苦处，直至阿鼻地狱。杀生报有十个恶业：

1. 恒生刀山焰炽地狱。刀轮割截，节节肢解，作八万四千段，一日一夜生六十亿次，死六十亿次，百千万劫偿还他人的债，无穷无尽。

2. 必定生剑林地狱。有八万四千株剑树，各高八万四千由旬，每株树生八万四千条剑枝，每条枝生八万四千朵剑花，每朵花生八万四千个剑果。杀生人的心遍布一切剑树顶，其余肢节遍布剑林，削骨彻髓，粉身碎骨，一日一夜生八万四千次，死八万四千次。

3. 生镬汤地狱。上千万度的高温的沸水，把罪人煮得肉尽骨出，捞出来摊在铜柱上，又自然复活。无数的棘刺化为铁刀，自动割肉而食，又抛落汤中。一日一夜，生八万四千次，死八万四千次。

4. 生铁床地狱。有一张铁床，为边长五十由旬的正方形，四方铁铠，一齐发射，万箭穿心。上面又有大铁网车，从头顶轧压，劈断双足，抛撒而出。一日一夜生八万四千次，死八万四千次。

5. 生铁山地狱。四方铁山，状如铁窟。窟中出火，从四面来。五个夜叉斫罪人身，分为四段，掷于火中。四山便合拢，把骨肉压成齑粉，四处飞散，如尘如烟。有时候，火鸟突然从高空飞来，铁嘴乌和铁蛇从肢节钻入，破骨出髓。一日一夜生八万四千次，死八万四千次。

6. 生铁网地狱。有大铁山，高百千由旬，山中装满铁汤，空中张布铁网，每一个网眼里，都有无数的铁嘴虫，从罪人的头顶上啄入，贯骨彻髓，劈足而出。一日一夜生八万四千次，死八万四千次。

7. 生赤莲花地狱。一朵莲花有八万四千叶，叶子形状如刀山，高五由旬，形成上亿的剑林，同时爆发火焰。罪人坐在其中，花叶开时，火山剑林，烧肉破骨，苦痛百端。相合时，刀山同时切割，一日一夜生八万四千次，死八万四千次。

8. 生五死五活地狱。有五大山，五百亿刀轮在山顶，有大水轮在刀轮上，罪人在中间。身体如华，卧在寒冰上。五山刀轮从五方来，唱道：活活分为五段！罪人五死五活，身子粉碎，犹如尘土。一日一夜生八万四千次，死八万四千次。

9. 生毒蛇林地狱。有恒河沙数的热铁毒蛇，各长数千由旬，口中吐毒，如热铁丸，从罪人头顶散布全身。每一肢节都有无数条蛇，吐毒吐火，焚烧罪人。一日一夜生八万四千次，死八万四千次。

10. 生铁械枷锁地狱。十二由旬铁山为械，六十由旬铁柱火网为锁，八十由旬铁狗口中吐火为杻，虚空铁箭，自落射心，杻械枷锁，化生铜丸，从眼而入遍体肢节，从足而出。一日一夜生八万四千次，死八万四千次。

杀生的人在地狱中反反复复受了无数的痛苦，才能投生到人中，然而命运并没有立即好起来。他们多病、短命，还要受尽各种苦恼，再次堕入地狱中，经过数千万岁之后，罪业才慢慢消尽。

杀生的业为什么这么重呢？动物有神识、有感情、有心灵，所以杀生业重。杀生出于邪见，动机恶浊染污，不是善性，有“自性过失”；杀生由猛烈的贪欲、嗔恚、愚痴、束缚引起，有“因缘过失”；杀生者我执严重，如着魔后不思悔改，反而自认为魔，变本加厉，无恶不作，名为“涂染过失”。他们以种种残忍手段，令恐怖者走投无路，孤苦贫穷，哀戚悲泣，肝肠寸断，因此业重。行杀者不学无术，既不能受持斋戒，惠施造福，又没有惭愧心，不可救药，所以业重。杀生者将邪见执著为正法，所以业重。杀人，杀害父母尊长，杀害菩萨、阿罗汉、独觉，如来性命不可杀而恶心出佛身血，这些都是重罪。

杀生导致轮回无穷无尽。莫逆之交尚且可能一言不合而终生结仇，甚至以死相拼，何况为了大快朵颐而对血肉之躯白刀子进，红刀子出，这样的深仇大恨，岂有不报之理！媒体上不时会报道，一个接一个的少年如何冷漠而从容地杀死自己的父母、亲人。还有什么比至亲之间的自相残杀还惨痛的呢？

六道轮回苦，孙儿娶祖母，
牛羊席上坐，六亲锅内煮。

这是唐时寒山大师作的偈语。他看到一个俗家人娶媳妇，新娘是他前世的老祖母转世；筵席上高谈阔论、猜拳行令的来宾，是过去他家的牛马；而锅里的猪羊鱼肉，都是他们家的六亲眷属转生。大师看了，可怜六道凡夫众生，不明因果，颠倒妄为，不禁悲从心起，号啕大哭，唱出了上面这个偈子。

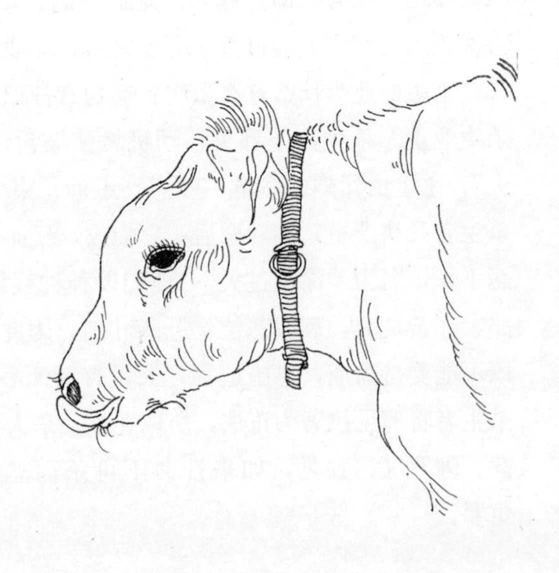

佛性清净，作平等观

因如来藏故不食肉

“一切众生皆依食住”，所以最终陷入轮回之中。然而四食并不是最根本的住处。《央掘摩罗经》说：

> 一切众生皆以如来藏毕竟安住。

佛法要以解脱的光芒照亮众生的心灵，解脱之路就在如来藏中。如来藏，又叫自性清净心，指众生的烦恼中所隐藏的自性清净如来法身。如来藏赋予了众生成佛的可能，一切众生都可以称为“未来佛”。

即使“蛇蝎心肠”也闪着佛性的光芒。唐朝贞观年间，有一位慧瑜法师逢难入玉泉山，依山傍水搭了一座草庵，宴坐其中，长达23年。草庵附近，有一条黑头蛇，身长二丈有余，时隐时现，被人们视为慧瑜法师的贴身护法。贼寇入山，都不敢临近草庵，善男信女却高高兴兴地来来去去。老贼张赫伽听说有这种事，立即带了十多个贼徒，各带两柄利刃，要除掉它。当他们气势汹汹地来到草庵外两百来步的地方时，黑蛇游蜒而出，举头张目，开口吐气，毒焰如火一般射出，贼徒一时倒下六人，其余的落荒而逃。次日，慧瑜法师知道了此事，感到不快，他虔诚念诵大明咒，使六贼复活，叩头忏悔而去。

众生的解脱，动物也可以立下汗马功劳。佛经中有许多这样的故事。从道理上说，知道那些凶猛的动物含有如来慈心种子，我们的心也可以在动物那里找到寄托，得到安顿，对他们不怀疑，不恐怖，当作亲人、朋友、老师，从他们身上学到很多东西，从他们那里感受到超越界限的慈爱，这样，不仅对自己、对动物怀有信心，而且整个世界也会立即充满温馨。如果爱护动物，保护动物，不吃动物的肉，这种信心就可以向四周传递，就会感受到心灵的升华。反之，如果到处都在滥杀无辜，我们的信心便会很快断灭，在这样的环境下生活，实在是了无趣味。

让所有的生命都沐浴到慈悲的光辉，众生才会普遍相信佛法在世间，它那双慈爱宽厚的手随时都在抚慰着跃动的心灵。心灵充实了，想象力解放了，才可能真正清晰地勾勒出我们的理想，描绘出一幅幅完美的生活画卷，缔造那向往已久的太平盛世。毋庸置疑，太平盛世既是人类的乐园，就决不能成为动物的地狱。如弘一大师的诗中所描绘：

盛世乐太平，民康而物阜，
万类咸喁喁，同浴仁恩厚。

《央掘摩罗经》中说："因如来藏故，诸佛不食肉。"既然一切众生都是佛，佛与众生也不能分开。众生的世界就是佛的世界，一切众生界与佛界同是一界。所以，诸佛都不食肉。

有人曾经引经据典，询问释迦牟尼佛是否吃过猪脚。其实，这个"猪脚"只是一种蘑菇的名字。就像我们把一种水果称为"龙眼"，它却不是龙的眼睛。这种叫"猪脚"的蘑菇味道很鲜美，在印度非常难得，人们把它奉献给佛，表达由衷的崇敬之情。这种蘑菇长在地底下，不易发现。找它的人往往带上一头有经验的猪，靠它的嗅觉帮助搜寻，因为猪也喜欢吃这种蘑菇。猪发现蘑菇的时候，就会用脚把它挖出来，所以把它叫作"猪脚"，或"猪乐"。

佛不仅反对食肉，他还公开反对用动物来祭祀。他提倡的"非暴力"不仅惠及人类，而且普被六道众生。他的这种思想成了印度文化传统中的重要组成部分。比如，印度的农民至今仍然坚持保护所有的牛，甚至连那些年老多病的也不例外。西方人觉得这样做非常荒唐，他们觉得这些牛完全可以杀掉、吃掉或卖掉，政府或虔诚的人却出钱建立专门的动物医院或护理之家。以印度的经济状况，这种做法太过奢侈。然而事实上，印度人花在这些无用的牛身上的钱要比美国人花在宠物上的钱少得多。

保护圣牛与养宠物完全不同。与其豢养动物，不如爱护生命内在的神圣性。如果根本不认同这种内在的神圣性，再多的宠物又能唤起什么？如果把这个神圣的本性保留了下来，是否豢养宠物，又有什么区别呢？既然杀生就等于杀佛，哪一个有信仰的还会杀生？人类对于非人类所施的暴行引起的巨大痛苦是无法比拟的，如果对此毫无知觉，心灵岂不是麻木了？岂不是杀掉自己的如来藏？一个头脑清醒的人，怎么会如此自杀杀佛呢？

经中还说："如来远离一切世间，如来不食。"这是说，佛身清净，不受四食贪爱的染污。如来之身，不吃杂食，不贪恋杂食，所以又称为法身。佛陀在修行的过程中需要饮食来支撑的身体是色身，是食身，是烦恼身，是无常身。证道之后，是后边身。这几个身都不是法身。法身已经获得了解脱，自性清净，不增不减，不需要饮食。诸佛证得空性，能现法身。法身即是中道，圆妙无比，不是一身，也不是无量身，不可计数。一中有无量，无量中有一，非一非无量，不一不异，具足无缺，名大法身、大涅槃。法身光明、智慧、常住。常住之身，则非食身，非无常身。智慧之光破烦恼暗，法身非烦恼身。非断非常，非后边身。

如来不断生死，不住涅槃。不受贪嗔痴，无差别法，摄受得自在，住持得自在，弃舍得自在，无二相，唯似光影，如同幻化，住无住处，成大因缘，所以不生不灭。虽无功用，而能成事。如来巧妙地断离了三界虚妄，无所依傍，无功用，无差别，一切法中得自在。所以《涅槃经》中，纯陀献食时，佛陀默然不受，并由此因缘，阐明法身不食的道理。法身无量阿僧祇劫以来久具智慧，已断一切欲求，无食无受。若是食身，可默然受食。默然不受是佛的境界，是清净解脱的境界。

从轮回中解脱

如来藏的思想并不是把一切的美好都推向遥远的将来，它恰恰意味着当下即是。现实的生命虽然染污，实质却是清净的，否则它不能化除无明。要从轮回中脱身，就应该回归清净的如来藏，如来藏是解脱之道、成佛之因。染污与清净的现象，都缘如来藏而起，称如来藏缘起。

如来藏所以能缘起清净、染污诸法，是因为“无我”，所以众生心中的如来藏，被解说为“无我如来之藏”。“无我”是佛教的根本教义之一，是对“生命中不变的灵魂”及“万法的实体”的否定。佛法中的无我有两种：人无我、法无我，指人、法都由因缘和合而生，不断变迁，没有实体，没有主宰者。佛教与世界上其他宗教的不同，就在于“无我”的教义。佛陀宣称，他要告诉人一个从轮回中解脱的方法，这个方法就是“无我”。依据这个教义，整个宇宙及其中所包含的，是无穷数的、个别各异的、刹那即逝的各种因素，它们存在于永无止息的活动和变动的状态之中，然而并没有一种“实质”。真实地证明这一点就是觉悟、解脱。

佛经中所记述的我见，一为断见，否认死后的任何存在；一为常见，臆断有一个永恒清净的主体，决定着众生的沉沦与解脱。佛教不同意这种实体性质的因果业报的理论，它否定了任何不变的实体性的存在，认为现象的变易只是一连串的瞬间即逝的表现而已。理智通过综合，把这些连串的刹那放在一起，就产生了一个完整的想象。但这只是心识计量的假想。

虽然没有永恒而普遍的实体把那些刹那生灭的现象联结起来，但它们之间是互有关系的，并不是盲目偶然的过程，每一因素虽只显现一刹那，但它须依缘而起。它们在时间上、空间上的显现、生起，必须依赖前一因素作为根源，受到因果律的支配。但这并不是说一件事物消灭了而产生另一事物，也不是一件事物的实质进入了另一事物，只是一个恒常不断的逐渐变易而已。它们之间并无谁生谁的因果，只有相互依赖的作用和连续的关系。这就是“无我缘起”的教义。

在“无我”的基础上，可以成立业报的理论。一切有生命者，都是五蕴的聚合，恒常在活动之中。业报就是身心行为延续的力量。先行的条件或状况，推动着漫长相续的生命向前演进的行程。现在的变易、生死总是过去行为的结果。人永远在变易中，生死不过是一个较深刻的变易而已。人自己的行为决定将来所受的身心状况，以及所处的新环境。新生命最初的一刹那称为“识”，识的前身即是“业”，业通过识在新生命中继续延持下去。再生的人既不是原来的人，也不是另外一人。但在这个因果链条中，“业”并没有主宰的力量，只是由于它和烦恼、识共同构成的影响力，许多相关的因素被纠集到了一起。无明生死的因素产生了生命现象。这些因素表面上被“业”束缚着，实际上却是自由的，无所谓缠缚，无所谓解脱。但一定要消除了“我见”之后，业力和识以及意识活动，才能全部消解，进入究竟解脱的境地，息灭所有痛苦。痛苦的止息就是涅槃，它是常住的、快乐的，也是无我的。佛教的解脱就是脱离生死证得涅槃。

佛陀的教义在各方面都是独一无二的，尤其无我教义最为出色。它宣扬的解脱之道，凡大精进者都能证得。我们凡夫之所以难以理解其中的真义，是因为早已经习惯于坚持物质常住的见解，不愿承认纯粹变易之说；习惯于用“妄识”来理解一切，不愿意“放下执著”。一旦我们破除了无明执著，获得了般若，见到了清净如来藏，就可以如实证知这个教义了。对于没有羊群的牧童，喊狼的声音吓不倒他，对于没有执著的人，无我就是至上的解脱。解脱者并不追求永恒快乐的天堂，而是向日常生活中体验。就这一点而言，佛陀是世界上最突出的一位导师。无我如来藏的教义，可以说是印度思想所开的美丽灿烂的一朵花。

以道智慧常自饱足

佛菩萨以安住清净如来藏为食，以智慧为道粮，常常饱足，有关饮食的念头都不起，也不思惟饮食之事，这叫作“无杂食”。佛菩萨不为饮食而出现在世间，他们来此的目的，是为了以大慈悲喜护之心，惠施仁爱，愍念众生，使世界安宁兴盛，人民不再受轮回之苦。他们的饮食不同于三界的四食。

四食是世间食，智慧是出世间食。《增壹阿含经》说九食，在四种世间食之外增加五种出世间食：

1. 禅悦食。修圣道之人，因得禅定力，道品圆明，心身喜悦，以长养慧命。

2. 愿食。修圣道之人，以誓愿持身，以长养一切善根。

3. 念食。修圣道之人，常持正念，长养一切善根。

4. 解脱食。修圣道之人，解脱惑业系缚，于法得自在，以长养一切菩提善根。

5. 法喜食。修圣道之人，爱乐妙法，资长道种，必生喜悦，以长养慧命。

此外，《摄论》依人辨食，有四食说：1. 不清净。2. 清净。3. 净不净。4. 示现依止住食。还有二食说：《佛地经》以法喜、禅悦为食。《维摩诘经》云：“既餐不死法，还饮解脱味。”解脱苦，名解脱食，真如理性名不死食。又说有为、无为二食。这些说法都可以与九食说相通。四种世间食终归是有漏法，五种出世间食能滋长法身，增益慧命，所以偏重。据说，净土中的众生，唯有法喜禅悦食，更无余食想。

佛陀要求弟子以法喜禅悦为食，犹如王公大臣以佳肴美馔为食。法喜禅悦食就是禅定、智慧，外从佛闻法为法喜，内如说修行为禅悦。以喜为食，便能舍恶修善。修行者身体洁净，住处洁净，享受禅悦时，天地鬼神都喜欢常来亲近，不生疾病，不做噩梦，梦中常见佛、塔、佛国、诸佛弟子，听闻般若波罗蜜，见成佛时的种种瑞象，见自然法轮。身心轻安，精神饱满，气力充沛，不思饮食。身体柔软饱满。从禅觉起，心中也不大思饮食。所谓禅法自资，不须段食。

佛教中说四食，为随顺世间言说而立的假名，本身没有实体性，也没有一个具有实体性的能吃的“我”。但为了随顺众生，佛说有一个往返于轮回中的“我”——补特伽罗能吃四食。佛弟子不应当忘记如实观察它的本性。佛住世时，弟子颇求那问：您说识是食物，那么谁来吃它呢？佛回答：我不说有食识者，你不应该这样问。我说识是食。你应当问：哪些因缘导致识食的产生。我会回答：食能招未来之“有”，使其相续不断地生长。有“有”故有六入处，六入处缘触，触缘受，受缘爱，爱缘识。我不说有受者、爱者、食者，只说它们由因缘而生。因缘而生的都是无常的，没有任何一个事物可以放之四海而恒久不变。段食只对欲界众生有用。触食、意思食虽遍三界，但要依识而转变、生灭，不能自主。我们说秀色可餐，盲人却无法享受。这三种食也不能随时维持身心需求。识食也是如此，若离果报，识食不成。而且无心定、睡眠、闷绝、无想天中，识有间断。每一种食都是因缘所生，没有一个实体，并非普遍永恒。经中说“一切众生皆依食住”。这个“众生”是依取蕴建立的，在六道中轮回不已。佛已解脱，并不同于一般众生。总之，没有一个“能食”，也没有一个“所食”。由此，没有什么不变的饮食。但是，为了解说事物生灭的现象，根据缘起法而安一个名字叫作“食”。四食的体性不真实，能食者补特伽罗的体性也绝不真实。未曾见有补特伽罗还能自食补特伽罗，一个相续的生命中定无二识同时安住的道理。因此，问“谁食识食”毫无道理。若问能食识食的因缘，则能悟入缘起法则。

《维摩经》说：“为坏和合相，故应取抟食。”四食是由色、受、想、行、识五蕴和合的，坏五蕴和合，即是涅槃，应以这种心态而取抟食。这样的话，即使天天取抟食，却从不生抟食想，也就是天天都在涅槃中。又说：“为不受故，应受彼食。”不受，即是涅槃法。《大品般若经》中说菩萨行“不受三昧”。佛教徒为了涅槃而行乞，应以无受心而受施主布施的饮食，不受生死，不受涅槃，终日受食而未尝受食。在日常生活中，佛陀时常示现乞食、受食，就是这个原理。

虽然人人都吃饭，却吃得截然不同。有人贪染而食，沉湎其中，不知有祸从口入之事。有人有选择地吃，深知饮食的利弊，知道要舍弃贪欲，但还没有真正彻底地付诸行动。有人从不乱吃，不贪吃，从容平淡，对饮食的贪爱早已断除。这三种人，分别是下士、中士和上士。

大乘小乘，作圆融观

饮食结构

小乘的戒律中所规定的饮食结构包括正食、杂正食、禁忌三方面。正食有五种，又称五啖食：饭、麦豆饭、麨、肉、饼。麨是炒熟的米粉或面粉。可以用来做饭的谷类很多，佛陀的时代，印度即有十七种，如稻、赤稻、小麦、胡豆、大豆、豌豆、粟、黍等等。饼也有麦饼、米饼、豆饼、油饼、酥饼等。

杂正食也有五种：糜食、粟食、麦食、莠子食、迦师食。迦师，谷名，译为错麦，即小麦饭。

规定五正食、五杂正食，是为了让僧人吃饱。佛住舍卫城时，诸比丘或夹一点菜，或尝一些盐，或饮一些水，就自称已经饱了，不敢再吃其他食物，以致身体羸瘦。由此因缘，佛听任吃五正食、五杂正食，求得饱足。

吃五正食、五杂正食之余，可以吃粥。佛的一次出游中，有一位婆罗门供养了种种粥：酥粥、胡麻粥、乳粥、酪粥、油粥、鱼肉粥。诸比丘心生疑虑。佛说，除肉粥、鱼粥外，其余的粥在刚出锅时，都可以吃。饭未煮熟时的米汤也可吃。

根食、茎食、叶食、花食、果食、油食、胡麻食、石蜜（即冰糖）食、蒸食、乳、酪、酪浆，为可吃的不正食，即一般比丘不能吃，病人可用。

饮食的禁忌，是忌食五辛、酒、不净肉。五辛又叫五荤，包括五类有辛味的蔬菜：大蒜、茖葱、慈葱、兰葱、兴渠。茖葱是一种山葱，即薤，形状像韭类。兰葱即韭菜。兴渠为梵语辛胶之名，中国人又叫它芸薹、胡荽、阿魏，并不正确。它的树汁略似桃胶，根与细蔓菁根的粗细差不多，但颜色更白，气味像蒜一样。它主要出产于伊朗和北印度，当地人迷恋它的根。五辛中，汉地只有蒜、韭、葱、薤，没有兴渠。至于辣椒、胡椒、五香、八角、香椿、茴香、桂皮等都算是香料，不算荤菜，不在戒律所限的范围内。

荤辛臭味极重。如果大家都吃，倒也彼此无所谓；但如果只有一个人或少数人吃，而大众不吃，那股怪味，别人闻到了是不免恶心的，所以佛弟子要避免吃它。如果由于治病而不能不食，即不许食者参加群众的集会，以免别人的嫌弃、厌烦。吃了荤辛的人，应在七日中别居于一处僻静的小房间内，不得坐卧僧人的床褥，不得到大众方便处、讲堂处、佛塔、僧堂等处，也不得靠近佛向他礼拜，仅能在远远的下风处遥遥作礼。满了七天之后，还需要先澡浴身体，以香熏衣，然后才能回到大众中。早期佛教遮制食荤，本义如此，并非一般所说的不食肉。

僧团是一个清净共修的团体，讲究身、口、意、戒、见、利六和敬。吃五辛口臭，引生别人的烦恼，所以不许。僧人要注意养成干净卫生的习惯，因为语言是经常交流的主要渠道，所以尤其要警惕口臭。为了清除口臭，除了禁止五辛以外，另一个经常使用的方法就是嚼杨枝。嚼杨枝有五种利益：除口臭、明目、消食、除冷热涎唾、善能辨别滋味，是非常有利于身体健康的。

但是，大乘佛教给予了五辛另一种解释。《楞严经》卷八上说，五辛熟食发淫，生啖增恚，修禅定者尤其应当断除。一个人如果吃了五辛，纵然能够宣说十二部经，十方天仙仍然嫌他臭秽，都远远地离他而去；相反，饿鬼则经常光顾，舐他的嘴唇。常与鬼住在一起，福德会一天一天消减下去，直到耗光。这时，大力魔王来了，变作佛身，为他说法，使他毁犯禁戒，赞叹淫怒痴法，彻底堕落。这个人命终之后，就成为魔的眷属，永堕无间地狱。五辛的害处很大。

此外，道家称韭、薤、蒜、芸薹、胡荽为五辛；练形家称小蒜、大蒜、薤、芸薹、胡荽为五辛，中国的大乘佛教也有所借鉴。

酒，包括木酒、米酒、大麦酒及其余的各种酒。木酒由梨汁、果汁、甘蔗汁、蕤汁、蒲桃汁等混合蜜、石蜜等做成。饮酒，一般是品尝酒的色、香、味，无色无香无味的酒也不能饮。甚至药酒也不饮，酒家也不接近。因为酒能令人乱性、丧智，危害社会，更是修行的大忌。

传说佛陀时代有一位具神通的弟子因误饮酒，醉卧于途，神通尽失，威仪扫地，佛陀当即率众弟子现场说法，制定了酒戒。饮酒有三十六过：资财散失、多患疾病、酒兴斗诤、增长杀害、增长嗔恚、多不遂意、智能渐寡、福德不增、福德转减、显露秘密、事业不成、多增忧苦、诸根暗昧、毁辱父母、不敬沙门、不信婆罗门、不尊敬佛、不敬僧法、亲近恶友、舍离善友、弃舍饮食、形不隐密、淫欲炽盛、众人不悦、多增语笑、父母不喜、眷属嫌弃、受持非法、远离正法、不敬贤善、违犯过非、远离圆寂、癫狂转增、身心散乱、作恶放逸、身谢命终，堕大地狱。

戒律中，一般饮酒犯波逸提，经忏悔则能得灭罪，若不忏悔则堕于恶趣。若比丘偷盗别人的酒，则犯根本重罪波罗夷，永远被摒弃在佛门之外，死后必定会堕地狱。此戒被列为出家在家佛弟子的五大戒之一，可见其重视程度。不过，如果因病必须饮酒的话，戒律是可以放宽的。至于将酒当作烹调蔬菜的佐料，又已经没有酒味，失去了醉人的力量，应该不在酒戒之限。

持酒戒的目的是自净其心。登高座、以华鬘、璎珞、香料、脂粉把自己打扮得花枝招展，也是不净的表现，按戒律应予断除。

不食一切肉

依据小乘戒律，出家人可以食用若干种“净肉”：

1. 三净肉：不见、不闻、不疑为我所杀。如屠宰工人杀好之后拿到市场出卖的肉、动物自然死亡后尸体上的肉，这些肉全部都不是为我而杀的，可以食用。

2. 五净肉：上面的三净肉外，加上命尽自死的鸟兽、老鹰等吃剩的残余肉。《楞严经》卷六说，“阿难！我令比丘食五净肉。此肉皆我神力化生，本无命根”，指的就是这五种肉。

3. 十种不净肉之外的：北本《涅槃经》卷十八说，人、蛇、象、马、驴、狗、狮子、猪、狐、猕猴等动物的肉为十种不净肉，不可食用。猕猴似人，蛇似龙，象、马是济国之宝，猪、狗、狐是鄙恶之畜，狮子是兽王，人是己类，都不可食用。在符合三净肉、五净肉的前提下，这十种肉以外的可以吃。

4. 九种净肉：据慧远《涅槃经义记》卷二，是五净肉之外，再加上非亲手所杀的、死亡多日而自干的、偶然遇到的、自杀来供养自己的动物的肉。

动物会自杀来供养佛菩萨吗？本生故事中有这样的传说。据说，弥勒菩萨过去世曾名一切智光明仙人，在深山修梵行，七日不得食。当时林中有一个兔王，见法幢将崩，法海将竭，于是不惜身命，以身供养，让仙人得到饮食。树神前来帮助它点燃了柴火。兔王母子围着仙人绕了七圈，表示恭敬后，就自投火中，献身供养。肉熟之后，树神来请仙人进餐。仙人明白其中原委后，悲伤不已，一时竟不能言语。最后，他把经书放到树叶上，说了一首偈：

宁当然身破眼目，不忍行杀食众生。

诸佛所说慈悲经，彼经中说行慈者。

宁破骨髓出头脑，不忍噉肉食众生。

如佛所说食肉者，此人行慈不满足。

常受短命多病身，迷没生死不成佛。

说此偈后，他立下重誓："我世世不起杀想，永不吃肉!"然后自投火坑，同归于尽。

可见，在吃肉方面，大小乘的确有着严格的分界线：小乘可食净肉，大乘行者不吃一切肉。这个不同之处也是后世在佛教饮食方面最为引人注目的。

肉，包括水、陆、空中动物的肉。水中的，如鱼、龟等有足无足的动物。陆上的，两足、四足、无足、多足动物。空中的，飞禽、蚊虫等。《华严经》《楞严经》《楞伽经》《般舟三昧经》《鸯掘摩罗经》《如来藏经》《象腋经》《大云经》《涅槃经》等都主张菩萨断绝肉食。《梵网经》中的菩萨戒文也禁止佛弟子食一切肉。如《楞伽阿跋多罗宝经》卷四说：

有无量因缘，不应食肉。然我今当为汝略说：谓一切众生从本已来，展转因缘，常为六亲，以亲想故，不应食肉。驴、骡、骆驼、狐、狗、牛、马、人、兽等肉，屠者杂卖故，不应食肉。不净气分所生长故，不应食肉。众生闻气，悉生恐怖，如栴陀罗及谭婆等，狗见憎恶，惊怖群吠故，不应食肉。又令修行者慈心不生故，不应食肉。凡愚所嗜，臭秽不净，无善名称故，不应食肉。令诸咒术不成就故，不应食肉。以杀生者，见形起识，深味著故，不应食肉。彼食肉者，诸天所弃故，不应食肉。令口气臭故，不应食肉。多恶梦故，不应食肉。空闲林中，虎狼闻香故，不应食肉。令饮食无节故，不应食肉。令修行者不生厌离故，不应食肉。我尝说言“凡所饮食，作食子肉想，作服药想”故，不应食肉。听食肉者，无有是处！复次，大慧！过去有王，名师子苏陀娑，食种种肉，遂至食人。臣民不堪，即便谋反，断其俸禄。以食肉者有如是过故，不应食肉。复次，大慧！凡诸杀者，为财利故，杀生屠贩。彼诸愚痴食肉众生，以钱为网而捕诸肉。彼杀生者，若以财物，若以钓网，取彼空行、水、陆众生，种种杀害，屠贩求利。大慧！亦无不教、不求、不想而有鱼肉，以是义故不应食肉。大慧！我有时说遮五种肉，或制十种，今于此经，一切种、一切时开除方便，一切悉断！大慧！如来应供等正觉尚无所食，况食鱼肉？亦不教人。以大悲前行故，视一切众生犹如一子，是故不听令食子肉。

食肉断大慈种，所以佛陀要制断。滋味之浓，莫过于肉食，沉湎肉食，必然抛弃慈悲恻隐之心而杀生。吃肉伤害小慈，杀生伤害大慈，小慈是大慈的种子，种子既灭，慈悲不存，众生断无长寿之理。从因果的角度来说，因为小慈，果为大慈，噉肉违悖因地之慈，断掉了修行成佛的种子。所以，经中制戒，菩萨之外，声闻弟子也不得食肉。肉食连施舍尚不可以，何况亲食。戒为众德之本，慈为万行之根。如果既受不杀戒，又在吃肉，便如同树木，根本已伤，枝条安在？

既如此，为什么不从一开始就直接断绝肉食呢？这是一个循序渐进的过程。从心理上说，贪食之病有从心生的，有从想象生的。率情而吃，叫作从心生；贪得无厌，叫从想生。先部分戒肉，可以克制其心意，接下来全部戒除，则断绝其妄想。这样，可以渐渐除其贪，长其慈。从慈悲的培养来说，先容许吃肉，但离见、闻、疑，有个起点。当时虽戒了，对性命的损害还多，故进一步断除十种肉，深化了三净肉之戒。但损伤仍然不少，第三次就更深一层，因应时势变化，一旦条件成熟，当机立断，一切全断。从结戒来说，也是善解因缘，审时度势，时至则戒，不到不制。若不达根性，反生其累。所以在不同的经中有不同的态度。

佛陀不仅当时断肉，而且不留后路。《楞严经》中说，在如来灭度之后，有人食众生的肉，还自称为释迦佛的弟子，他们不是佛的弟子。这些人纵然能得到心开悟解，似乎是三摩地，其实都是大罗刹，受报终结以后，必然沉沦在生死苦海之中。这样的人，长时间互相残杀，互相吞食，永远没有完结，怎能出离三界呢？若是不断杀而又想修禅定，就如同掩耳盗铃，欲盖弥彰。清净的比丘与众菩萨连青草都不忍踢伤，用手拨开，哪有具大悲心的人，竟忍心吃众生的血肉的道理呢？杀生偿命，欠债还钱，偿还够了还可以停下来。若是在偿债期间，又杀了他的命，或是食了他的肉，这样以肉还肉，以命还命，纵然经过微尘数劫，也还是互相报复，相杀相诛，输赢不定，永无休止。除非得了奢摩他禅定，或遇佛出世，他们将永无休止。若以杀生为“圣解”，即有空魔进入他的内心，滋长他的断见、谬解，故意把持戒诽谤为小乘，以悟空为菩萨；在具备信心的檀越面前，饮酒吃肉，广行淫秽，自诩“行于非道，通达佛道”，实际上自己已破佛律仪，又引导别人误入歧途，自害害人。这种人必定失去正定，必定堕落。

佛说，或许将来会有一些愚蠢的人说，是我开许了食肉的习惯，我本人也吃肉，但是，我从来没有允许过任何人食用肉类，的确没有允许过，将来我也不会在任何时间、任何场合、以任何方式允许食肉。对于所有的人，这种行为都应该无条件加以禁止。

不仅吃肉应当禁止，连使用皮革、贝壳等也是不慈悲的。假如一头牛自然死亡了，主人剥下皮来卖给皮匠，皮匠做成鞋子，布施给持戒的人。持戒人若不接受，还符合比丘法；若接受了，虽不破戒，但不慈悲。中国人喜欢穿蚕丝所织的绫罗绸缎，僧团中不少人认为，肉食与蚕衣同样伤生害命，提倡“变俗形服，为入道之初门”。

那么，求医服药还可用肉吗？律中并未绝对禁止。然而有一种观念却是佛教界长期坚持的：药只能医病，不能医命。命若尽时，药也无可奈何。所以，杀生为药，以求身安，万万不可。禅经中说，治病应服药，服药之外，也可以深入禅定作“补想观”，使身体健康。方法是，先观自己的身体，皮肤与皮肤互相包裹，犹如芭蕉。然后安心，观想顶开，释梵护世诸天，持金瓶，盛天药，释提桓因在左，护世诸天在右，以天药灌顶，灌遍全身。昼夜六时，经常修行这种禅观，可以滋补身体。

既然一切肉都不能吃，那么在交际应酬中，不吃肉，只吃肉边菜行吗?《涅槃经》内迦叶问佛说：“若乞食时，得杂肉食，云何得食，应清净法?”佛说：“当以水洗，令与肉别，然后乃食。”由这段开示可知，肉边菜是需要将肉和菜分开，再把菜洗得干干净净的，才能食用。就是说，旁边放一个碗，碗里盛水。将肉边菜放进水中滤一下，方可食用。

至于蛋类，《显识论》讲：“一切出卵不可食，皆有子也。”近代高僧印光大师也多次指出鸡蛋不可以吃，并以晋代支道林的故事说明，佛教界对于这个问题在那个时候已经有所决断了。支道林是历史上有名的高僧。他依据小乘戒律，与其师辩论鸡蛋是否可食。由于他博学善辩，他的师父不能说服他。师父圆寂后，给他托梦，出现在他面前，手持鸡蛋，掷在地上，鸡雏从蛋中飞出，四处啄食。支道林尽管很惭愧，戒了一段时间。但后来又重新吃起蛋来。这一次，他又梦见有夫妇二人，跪着恳求：夫妇俩有三十个儿子，明天要送进厨房，做成佳肴，供给高僧，请求饶命。于是衔着鸡蛋在支道林前打破，每个蛋里都有穿着白衣的孩子跑出来。支道林醒后，深深地忏悔，于是蔬食终身。

关于乳制品，不属于肉食，也不属于腥食，因为牛羊吃草及五谷，所产的乳汁也不含腥味。饮乳既未杀生，也不妨碍牛犊、羔羊的饲育，而且是由人来饲养、控制乳量的生产，不会影响雏儿的生长与发育，所以，在佛的时代，普遍饮用牛乳，而且将乳制品分为乳、酪、生酥、熟酥、醍醐等五级，是日常的食品，也是必需的营养品。但现代的情况略有不同。为了提高产奶效率、节约成本，雄牛和雌牛通常被人为分开。奶牛通常被推上简陋的手术台（农民们戏称为强暴台）接受人工授精。如果它们产下雄性牛犊，两天之内就会被卖给加工小牛肉的工厂。一个佛教徒对此会作何选择呢？或许他会转向那些不杀牛的组织？

对于烟、麻醉品的观念，在佛制的戒律中，可因病而由医生处方使用；不仅是烟，乃至于酒，在不得不用的情况下，不算犯戒。当然，不能假借治病而贪口腹之欲去吸饮烟酒和麻醉品。抽烟是为防止瘴气，在瘴疠发生和弥漫的地区，出家人可以适量地吸烟；否则，为了威仪，应该戒除。若是为了刺激、嗜好、无聊等原因而抽烟，那就不为佛戒所许。在南方热带地区，嚼槟榔也是为了防止呼吸器官感染疾病；但是在不为治病的情况下，那就成了有失威仪和损伤形象的一种恶习。烟、槟榔都非饮食中的必需品，对人体少用是为了治病，多用则有害无益。例如：酒精过量者中毒；烟的尼古丁则伤肺损气并致癌；槟榔的液汁，有损牙齿的健康，令珐琅质受到腐蚀，佛教徒能够不用最好不用。

正直方便观

为不食故，应行乞食

正命净食

佛陀的时代，僧团主要奉行两种饮食制度：僧食和乞食。所谓僧食，是坚持精进修行的僧人具备了感召力，赢得居士家中供养。或者僧人为了精进道业，清除烦劳，在僧房外的厨房里烹制饮食。乞食，即沿途托钵，从所经过的人家乞得少量食物。僧食者一旦自认为能够感化施主从而得食，便容易生起贡高大慢之心，妨碍佛道。所以佛陀常赞叹头陀行、乞食。迦叶尊者年迈时，佛陀曾劝他接受诸长者的衣食供奉。尊者为了给后世佛徒做榜样，婉拒了佛的善意。佛陀不仅称赞有加，而且将佛法托付迦叶。

托钵乞食制度基本上沿袭了当时印度出家隐修者的习惯。印度社会有很严格的四姓阶级制度，出家人属于教师的身份，若从事分配给奴隶的体力劳动，会受到轻视，对说法度众造成困扰。佛陀制戒，不得不因应时宜。原始时代的佛教徒为了便于专心修行，磨练身心、等视众生、广结善缘，一钵千家饭，不选择托钵的对象，也没有所谓洁净或不洁净的禁忌，为的是使施者得种福田。这就是原始佛教并不规定必须素食的原因。

佛陀的时代，僧人要奉行“八正道”。具体到饮食方面，就是

“正命”，即以正当的方式谋生。什么才是正当的谋生方式呢?《大智度论》解释说：“比丘僧食，乞食、衣、药具，是正命，余邪命；优婆塞离五业：刀、毒、酒、肉、众生，是谓正命。”乞食的“清净”是从它符合戒律的原则这个角度来说的。乞食者不会伤害到众生，他们不拿刀杖，怀着一颗惭愧心，慈悲护念一切，顺应了“不杀生”的戒律。他们舍弃了窃盗之心，不是人家布施给自己的坚决不随手而取，毫无私心，遵守了“不偷盗”的戒律。他们舍离淫欲，净修梵行，殷勤精进，不为欲染，干干净净，从不“邪淫”。他们诚实无欺，不会为了赚钱发财而欺诳他人，不离间别人，不拨弄是非，不花言巧语，不以讹传讹，和颜悦色，不使人产生怨害，反而多方受益，这是“不妄语”。他们不饮酒，不靠近茶楼饭店，歌馆酒楼，严于律己，不放逸，不把自己打扮得妖娆妩媚，不坐高广床座，符合“不饮酒”的戒律精神。不积蓄金银七宝，不娶妻妾，不畜奴婢，车马田园、家禽家畜，一概与己无关，赤条条来去无牵挂，清清净净。

乞食可以防止金钱交易，保持梵行清净。此外，早期的戒律还有一个更严格的原则：说法不受食。佛陀曾连续三天到一位婆罗门家乞食，这位婆罗门暗中疑怪这个秃头沙门贪图美食，佛陀即说偈语，使其信服，继续以种种饮食满钵供奉。世尊说，因为说偈法，不应受饮食，感得这位婆罗门当即出家。

四位以上比丘别聚一处乞食而食，称为“别众食”。戒律中说，若比丘受请别众食，除因缘，波逸提。所谓因缘，即条件，除非生病时、衣时、施衣时、作衣时、行路时、船上时、大会时、沙门会时，沙门不得别众而食。

从教理上看，《维摩诘经》说：“为不食故，应行乞食”，道理讲得颇为明彻。不食，即涅槃法。涅槃无生死、寒暑、饥渴之患，不需一切食。乞食是因，涅槃是果，因果不殊，安住涅槃之心而乞食，无所贪爱，就是“为不食故行乞食”。佛陀就是这样的典范。他徒步乞食，不游戏，无邪行，无欲无伪，远离三界尘垢，为布施者说法教化。回精舍后，不向人评说食物好坏，自然消化，身心通泰。

乞食还是普度众生的一种方式。《璎珞经》中说，如来身常在三昧，不必段食，为利益众生而乞食。佛陀入城乞食，众生见佛，心中赞美、崇敬，便发菩提心成就如来身。城中有盲聋疾病等处在痛苦中的人不能到如来住所，如来入城放光照耀他们，免除众苦，发菩提心。自恃种性高贵而不敬真理的人，见如来威仪后，放下骄慢，发菩提心。闺中女子碍于世俗规矩不能出门见佛，佛入城来受其礼拜问讯；懈怠者见世尊尚且自行乞食，自然精进，发菩提心。如来入城，四天王、天龙八部如众星捧月，各以花、香、歌咏供养，城中人见而生起菩提心。如来入城，使富者多多布施，贫者少施，都发菩提心。如来以一钵饭食让一切众生饱足、欢喜、惊异，发菩提心。为未来弟子示现乞食仪轨。如来得食分为四分：分别布施陆地众生、水中众生、同梵行者或年老生病者，留下一分自食。总之，如来通过乞食摄受众生。

佛陀亲自乞食，还可以抚慰未来的修行人。《大智度论》中说，佛不可能乞不到食物，但曾以方便，示现乞食不得，空钵而还。因为这个典故，假如将来有佛弟子福德浅薄，乞食难得，遭人讥讽，就可以理直气壮地说："我们虽然连谋生的雕虫小技都没有，但有行道的福德。我们今天遭受的各种苦难，都是前世的罪报。正因为如此，今天要加倍努力，为将来积累功德。我们的大师释迦牟尼佛尚且曾经乞食不得，空钵而还，何况我们！"这样便可以平息误解、嗔心。

乞食实际上是一种修行，只有谨饬身口意，方能不纠缠于俗缘。入村乞食时，祝愿众生深入法界，心无障碍；进入门户，祝愿众生得总持门，不忘佛法；登堂入室，祝愿众生入一佛乘，明达三世；遇难持戒，祝愿众生不舍众善，永度彼岸；见舍戒人，祝愿众生超出众难，出三恶道；若见空钵，祝愿众生心意清净，空无烦恼；若见满钵，祝愿众生圆满完成一切善法；若得食时，祝愿众生为法供养，志求佛道；若不得食，祝愿众生远离一切不善之行；见惭愧人，祝愿众生调伏诸根；得柔软食，祝愿众生发大悲心，心意柔软；得粗涩食，祝愿众生永远远离世间贪爱；若咽食时，祝愿众生禅悦为食，法喜充满；饭食完毕，祝愿众生德行充盈，成就菩提。

比丘乞食法，要住正戒、正威仪、正念、正见；依法、依时、依处、依次，不违轨则；离贪著、嗔恼、粗犷、骄慢，舍弃烦恼。坚持而不懈怠。如果乞食不得，便以身体疲倦为理由，放弃坐禅、经行，卧床休息；或者吃得过饱，身体沉重，或遇小患、病患初愈，而放弃坐禅、诵经、僧团事务，都叫懈怠。反之则为精进。比丘持钵乞食，可以了解世间，实践佛法，磨练身心，远离骄慢，不贪名利，使威仪无缺，成熟有情，福田周普，绍隆三宝，梵行圆满，诸佛欢悦，究竟圆寂。

平等乞食

比丘乞食时心无分别，具体体现就是平等乞食。平等乞食又有两种方式：一种是随得乞食，随缘到一位施主家，得到什么都毫不介怀。另一种是次第乞食，即挨家挨户，随得随食，不特别越过其中某家，不特别到某一家乞食，无所期待、选择。平等乞食可以断除对于食物的挑选、贪爱，对施主一视同仁。

故意违反平等乞食的原则，后果是非常严重的。佛在王舍城时，有一个女人要从娘家回夫家，做了各种饼作为道粮。一位比丘次第乞食，女人把各种饼盛了一钵供养给他。他逢人便赞不绝口，比丘们成群结队而去，弄得施主措手不及。夫家再三来催，都因为资粮未办，不能动身。夫家便以为该女怀有异心，派人来传信："我们已经另聘婚媾了，不用你家'瞎女'了！"于是众人都嗔恨沙门。

平等意味着胸襟博大清净，等视三界六道的众生。大迦叶为了给众生培养福报，到贫穷人家乞食。天帝释提桓深受感动，化身供养他百味佳肴。迦叶得饭之后觉得奇怪，入定观察，才知是帝释。他不敢吃天帝供养的饭食，赶紧回来禀告佛陀。佛说："从今以后，允许各位比丘接受天人供奉的饮食。"此外，鬼神、动物的供养，也应该平等对待。

平等还在一些细节的具体处理上体现出来。有一位贩马人请佛和僧团赴斋，大家刚刚喝了一些水，忽然有人来报告马厩着火了！那人只好抱歉地请比丘们自己取食，说完便走了。比丘犹豫不定。佛说，如果没有清净人，允许各位比丘按施主的意见接受供养。但是，另有白衣居士远远地把食物抛掷给比丘，佛说不可接受。

若是僧团赴斋，所受的饮食不应当有等级差别。有一位女居士设了筵席，安排了两处座位，供养舍利弗等大尊者们和六群比丘。大众落座后，女居士给舍利弗上了白米饭，还附加了一大碗羹及酥、乳、酪。给目连与粗米饭、摩沙羹、油乳。给其余比丘上红米饭、摩沙羹。就这样逐渐减少、粗糙。甚至有的得饭不得羹，有的得羹不得饭。过了一会，又有很多女居士端来种种好食，几个比丘尼便用身子遮住长老比丘，示意把好的饭菜上给六群比丘，任其恣意食用。回来后，佛分别把他们狠狠地批评了一顿。

平等乞食之道，包含有“等住”的意思，住于平等法中，不住生死，不住涅槃，于情于理都无所偏执，无生死、寒暑、饥渴的忧患，即是不二中道。心无分别，则不离烦恼，不住烦恼，非有烦恼，非无烦恼，以解脱心而食，这也就是法身之食、不杂食。

心无分别，则施主也是乞士，乞士也是施主。《维摩诘经》说，“以一食施一切，供养诸佛及众贤圣，然后可食”，就包含了这个意思。比丘凡得食时，要先思惟以此食布施一切众生，然后才进食。这种观想布施是未得法身时的一种方法，即“无碍施法”。若得了自性涅槃，证悟了法身，则能实际满足一切众生的愿望。观想布施虽不能直接满足这种愿望，也对众生有益。

这个无住、无分别的心，既不是入定的心，也不是从定中而出的心。按照小乘佛法，进食时要修不净观等禅法，入定则不食，食则不入定。菩萨无所谓入定、出定，终日饮食，终日在定，无出入之名。虽然也要作不净观观食，然而菩萨行住坐卧都常在定中而没有定相，无所谓出入。若将禅定与乞食分开，则禅定是禅定，与乞食不平等，与生活有隔阂。

无出入禅定，也就无所谓世间与出世间。佛教以现实的生活为世间，以涅槃之法为出世间。不住于世间，表现为不杂食；不住于出世间法，表现为混同于世俗之人中，以抟食为食，表现出一般人共有的七情六欲。总之，以饮食维持生命，出现在世上，修行佛道，自度度人，无所拘泥。这样乞食，才叫不辜负施主供养的饭食。

若能以平等心对待饭食，则能以平等心对待一切事物。能平等对待一切事物，则能了悟事物的真性，不被表面的现象所迷惑。透过表面现象，则贪、嗔、痴的本性也是清净如来藏。贪、嗔、痴对人而言，并不必然是束缚，它与解脱并没有本质的差别。五逆之罪也是如此，既非束缚，也非解脱。不见束缚、不见解脱，不见凡夫、不见圣人，不见佛法、不见外道，不见此岸、不见彼岸，这样，可以称为“甘露法之食，解脱味为浆”。

传说，天人把各种名贵药材放在海中，用宝山研磨，成为甘露，吃了可以成仙。这些药被称为“不死药”。佛法中借用它来做比喻，以涅槃为甘露，长养慧命，永断生死，是真正的“不死药”。一般的饮食都有滋味，佛法有四种味：1. 出家离五欲。2. 行禅离愦乱、烦恼。3. 智慧离妄想。4. 涅槃离生死。解脱有二种：解脱烦恼、解脱障碍。从根本上说，爱为渴，爱为束缚之本，爱断则得解脱。解脱之后不再有爱的饥渴，四味也是用来解除爱渴碍，所以说“解脱味为浆”。

少欲知足，非时不食

非时不食

印度佛教中关于饮食最出名的戒律，大概就是日中一食，或过午不食，也称为时食。时食就是在允许的时段进食，反之就是非时食。《四分律》卷十四释云："非时者，从日中乃至明相未出。"这是戒律对于出家人用餐时间的细致规定，除病人以外，从午后到第二天早上日未出时，或不能清晰地看见掌纹时，按戒律不能进食。如果有一位比丘在夜间乞得食物，立即吃掉，他就犯了波逸提。不仅不能非时进食，仅仅非时乞食也是犯戒的。又如，一位比丘在晚上九点坐禅而走神，疑问：现在是不是乞食的时间呢？或者，他不管一切，认定现在就是食时，并非非时；或者他把食时当作非时，这些都是不对的。这说明，守非时戒不仅是行为上的要求，而且还要让内心清明。

时食有两大类：即正食与杂正食。比丘正食只许一餐，正食之前可以吃粥等非正食。正食时离座或舍去威仪后，便不能再吃了，除非作了残食法，才可以再食。日中之后，除了饮水，不得进一口食物。头陀行者午后不饮水浆。但比丘为了疗病，可以越过这一规定，饮用水果汁之类，称为"非时浆"。喝非时浆，要把水果捣碎，榨成果汁，滤去浊滓，澄清如水，才能饮用。比丘为治愈疾病，一切豆、谷、麦等所煮成的汁，或酥油、蜜、石蜜、果浆等，作为“非时药”（又作更药），也可以时外开服。

不非时食这一戒律针对的主要是出家人。出家众若不受持此戒，要成为居士的模范尚不够格，遑论为出家人作师。不非时食，不啻是出家与在家之分界线，经论称此为“远离支”，为向道离俗所必须具备的条件。由此可以想见此戒关系佛教制度的重要。至今东南亚一带的出家众还在非常严谨地奉行着这一戒律。

佛陀制定非时不食戒的因缘，根据《四分律》卷十四、《五分律》卷八等记载，一个黄昏，天色昏暗，下着小雨，天空还不时有闪电，比丘迦留陀夷，面黑眼赤，又穿了一件杂色衣服，来到一位居士家乞食。正好那家的孕妇拿着锅碗瓢盆到水边洗涤，于电光中突然看见迦留陀夷，以为是鬼，毛骨悚然，失声惊叫，当即堕胎。还有另外的比丘暝夜乞食，或堕沟堑，或触摸女人，或遇盗贼，或为虎狼虫兽伤害。为了不扰民，为了不荒废修行，佛制定了非时不食戒。

非时不食的戒律中还有一个重要的思想，就是“知量而食”。这是建立在对于饮食和身心关系的认识上的。首先，“食以支身”，欲壑难填，饮食过量，最终会伤害身体。遵循中道，限制饭量，不致加重肠胃负担，有利消化。第二，“知量而食”重在“知”，要随时训练头脑，保持清醒。佛曾批评波斯匿王，虽然较有智慧，但吃得太饱，身体臃肿，行动迟缓，贪图睡眠，所吃的东西难以消化，自己烦恼，别人难受，今生来生都难以享受善法利益。

在印度佛教中，为了达到“知量而食”，除了“断非时食”外，还规定了“日中一食”，即一天只吃一顿饭。佛陀告诉比丘，如来因为日中一食，无为无求，无有病痛，身体轻便，气力康强，安稳快乐，大家都要如此，一天一食。为此，佛陀施设了一日一食戒。除病了的比丘外，所有比丘都应坚持一日一食。一日一食有助于身心清净，达到“无为无求”。

与“一日一食”相对的，叫作“数数食”。意思是，先前已经接受了一家施主的邀请，随后又到另外一家就餐。“若比丘数数食，除因缘，波逸提。”除了生病、做衣、施衣的时候，数数食犯波逸提。阿难有一次来到一位长者家，长者设食款待。阿难忘了先前的邀请，便接受了。刚要开饭，却又突然想了起来，只好向这家主人道歉。主人心生不满。于是阿难迅速回到佛的身边，询问对策。佛说，遇到这种情况，应先在心中布施：我请分与某甲比丘，然后可以接受这份供养。

与“一食”相关的，还有“不择家食”。假设一栋房子有十六间屋，每一家施主布施其中一间。只要其中有比丘居住，就给予布施。如果比丘有事住在这栋房子中，一般情况下，接受一次供养之后就应该离开。一旦事情没有办完，需要继续住下去，就应该换一个房间。如果时间实在太长，十六间房子都轮流住了一遍，十六家的供养都接受过了，但还需要继续住下去，这时就不应当再受其中任何一家的布施，而要自己出去乞食。而且应当到别处，不要到这十六家去行乞。若到别的村庄乞食，应在那个村里住一宿才回来住。直到附近的村子都乞过了，事情还没有结束，才可以在这栋房子中接受供养。在此期间，如果原来的施主家娶新娘，见比丘快要离开了，请他去赴一次斋，以便自己增长福报，这时可以受请。

头陀行者不仅一日一食，而且坚持“一坐食”，即所有饮食在一座之内全部吃完，离座之后不再进食。实行一坐食时，应先将当天的正当布施接受完毕，安顿下来，在一座之内食毕，离座之后不再食。佛陀本人也坚持一坐食，并制定了一坐食戒。大多数菩萨都奉行一坐食。佛法中，身体有四仪：行、立、坐、卧，坐为其中第一。以坐姿进食，气息调和，容易消化。卧姿虽然安逸，却容易招致各种欲望、烦恼之贼伺及侵袭。行姿与立姿导致心情浮动，难以摄回，难以持久。

中国的寺庙僧伽，久已不持日中一食戒，间或有一二人坚持，众人反而感到讶异。至于中土僧寺何时废弛，尚待考查。大抵中唐以前，僧人还能普遍奉行，此后则限于律寺及禅、教、密、净等宗派中侧重戒行的人。延及宋朝末年，戒学扫地，无人奉持。降至元、明，更是典型尽失。明末清初，渐渐有人开始重新提倡非时不食，但实在太过于艰难，不久之后，又是一幅荒芜杂沓光景，乏人问津，以至今日。究其原因，首先是风俗习惯所致。印度出家人按时乞化，施主应时而慷慨布施，早已形成社会风气，不必勉强。中国社会风俗不同，寺庙立炊，或靠专人供养，或靠田产收租，或靠香火信施，自然难以实行。这是不容争辩的事实。其次，可能也与僧人、僧团随顺世俗生活有关。中国佛教历来强调把握大乘佛教的精神实质，在一些次要问题上采取圆融的态度，入乡随俗，这恐怕也是非时不食戒没有得到尊奉的原因。此外，可能还有个人原因。

残 食

残食，又叫残宿食，指隔夜食物。《四分律》卷十四说："若比丘残宿食而食者，波逸提。"如果食物实在有余，可以奉给父母、建塔或守塔的工人，以及僧房附近的劳动者，根据所奉的饭食的多少，以后从他们那里乞讨。

佛未为比丘制残宿食戒时，有些僧人行为不够谨严，引起了是非。例如，有一个神庙，经常会有人在那里表演一些游戏，对群众颇有吸引力，自然也汇聚了不少美食。有的比丘前往乞食，大获丰收，享用不尽，于是堆积在僧房中，无处不有。时间一久，招来许多虫蚁、老鼠，穿墙打洞，破坏了墙壁。居士们见了，责问是谁堆放这么多的食物。得知是沙门释子之后，群起讥诃，指责他们毁坏沙门正法。另外还有一位头陀行比丘，他觉得天天乞食妨废行道，便同时乞回种种食物，有的可以直接食用，有的需要曝晒干燥，搞得四周一片狼藉。其他比丘游行经过时见了，报告佛陀。佛陀于是制了残宿食戒。

残食法又叫余食法。具体做法是，如果一位比丘有余食，应把食物放在钵中，举到另外的比丘面前或僧团中，偏袒右肩，右膝着地，禀报："长老一心念，我某甲饭食已足，请为我作残食法！"对方便接过钵来，问："这钵饭是给我的吗？"回答："是。"对方便吃少许，把剩下的还回来："这是我剩下的，给你！"这样，那位比丘就可以把它吃下，以免浪费。

制定残食法有助于知量而食，即明确知道足食不足食、余食不余食。戒律中说："若比丘足食竟，或时受请，不作余食法而食者，波逸提。"有五处应足食：比丘知行时、知饭食、知持来、知遮、知仪轨，知道足食以后应当放下仪轨。不过，如果不把别人布施的饮食当作饮食来接受，把饮食当药来用，或者面临生病等特殊情况下，不做残食法，这些不算犯戒。

《阿含经》中说，难陀比丘知量而食，随时心中有数，不自高，不放逸，不执著色，不执著庄严，只图维持生命，能解除饥渴，则感到满足，以便专心修梵行。于食知量，这是佛教的诸多经论中反复强调的。只有做到了这一点，才能够不受食欲操纵，从容平静，有智慧守护六根，端正心意，不猖狂，不放荡，不骄慢，不轻飘，不贪图环境装饰，心猿意马。这样如实观照，心无旁骛，不贪滋味，旧爱断除，新爱不生，不拘饮食，饭食反而津津有味，易于消化。一旦易于消化，则身心安泰，神清气爽，有利于禅修。

沙门一饭，净除其心，离不时食，取足而已。所至之处，衣钵自随身，来去自在，无所牵恋，如飞鸟所行处，两翅相伴。自观身心，寂定根门，内不念斗乱，外不与人争讼。思惟正道，寂寞而不愚痴，不合心意的事事物物，都不能乱其志。饭食不多不少，适得其中，不增不减。少欲知足，身体安全，不苦不痛，有气力，容易入定修禅行。白天或坐禅，或经行，不念恶法。初夜、后夜行道，或在空闲树下，或露处山间、岩石间、草屋、水荡处，正襟危坐，不左右顾盼。离世间痴，以慈心哀伤一切人民及蜎飞蠕动之类，去爱欲，离睡眠，不犹豫，弃五盖及尘劳，常念疾得定行。中夜猗右胁，累两足而卧。

自净其心，斋戒断食

八关斋戒

非时不食是出家人的戒律，又称为“斋”。在家佛徒也可以在每个月的六斋日，即阴历初八、十四、十五、二十三、二十九、三十日，受持一日一夜的出家戒律，离非时食，谨言慎行，以培养佛教徒的信仰情操与清净律仪，称为八关斋戒，或八支斋戒。八关斋的“斋”，意为自净其心，忏悔罪障，或谓谨言慎行、斋戒沐浴。它与非时不食的斋一样，只是奉持的人不同而已。寺庙于六斋日，必定会召集僧众，朗诵梵呗、说戒经，使比丘及在家二众安住净戒，长养善法。这一天早上，大家洗浴清洁，来到寺院，一心不二，恭请高僧授戒。得戒之后，当天奉持，不得毁犯。到了第二日天亮，东方发白时，就宣告完毕。下次要持戒，再来请师长传授。但有的以为不必限定一日一夜，随受戒人的发心，三日、五日、一月，都没有不可以的。

八关斋戒来自佛教对于印度传统的改造。按照印度的宗教传说，每月的斋日，四天王都会派遣使者按察世间，巡视万民，统计孝顺父母、敬顺沙门、婆罗门、宗事长老、斋戒布施、济危救困的人，说偈劝化：

常以月八日，十四十五日，
受化修斋戒，其人与我同。

但是，佛陀告诉比丘，帝释的说法，我不认可，因为帝释尚未解脱。如果漏尽阿罗汉比丘来说此偈，我可以认同：

常以月八日，十四十五日，
受化修斋戒，其人与我同。

八关斋戒的内容，诸经论所说有异，一般认为是受持以下八戒：不杀生，不盗，不淫，不妄语，不饮酒，不香花鬘严身、歌舞观听（或分为二支），不得坐卧高广严丽的床座，不得非时食。其中，前五支与五戒相同；但不淫戒，在受戒的期限内，就是夫妇的正淫，也绝对禁止，与出家人相同，所以只说不淫。后三戒与出家人相同。第六条的意思是不得涂脂抹粉、插花，不使用华丽贵重的首饰；歌舞不能看不能听，自己也不可作。八戒中的不非时食，名为斋。《大智度论》等说，八关斋戒系以沙弥十戒的前八戒为八斋戒，另加“离非时食”，以为斋体，总有九戒。前面的八戒都是“离非时食”的辅助、支持，所以称为“八关斋戒”，或“八支斋戒”。

受持八关斋戒后，不仅住处靠近阿罗汉、出家人，而且在生活方式上比平时更加接近谨严淡泊的阿罗汉，所以八关斋戒也叫“近住戒”。持斋时，应当思惟：“我以此斋与阿罗汉等同无异。”持斋不以断食等苦行为宗旨，而强调忏悔、清净。例如，受八戒后，如果还鞭打众生，则斋不清净。即使当天不鞭打，留待明日再打，也不清净。以要言之，如果身口作不威仪事，虽不破斋，无清净法。假设身口清净，而心中起了贪、嗔、害的想法，也叫斋不清净。只有身口意三业清净，八关斋才清净。

除了奉行八戒外，持戒者还应该做到六念清净：1. 知日月数。

知道今天是几月几号、月大月小等。2. 一大早就要按仪轨作施食法。3. 日日忆念学佛经历、年数。4. 忆念受持衣食及施者。5. 不别众食。6. 知道自己病不病，应守的戒。

受斋之日，还要修行“五念”：念佛、念法、念僧、念戒、念天，各如其法。

修完这些基本仪轨后，应将功德回向一切众生。不回向，虽然也能够获福，但福报相对很小，微不足道。

持守八关斋戒有许多功德，例如《中阿含》等经中说，受持者命终后必生于欲界六天，不堕三恶道，不遭受八难。这是八关斋戒对于个人的意义。对于佛教徒的团体来说，有了八关斋戒，“九众”也就齐备了。九众是：1. 比丘，二十岁以上的出家男。2. 比丘尼，二十岁以上的出家女。3. 沙弥，未满二十岁的出家男。4. 沙弥尼，未满二十岁的出家女。5. 式叉摩那，译作学法女，沙弥尼成为比丘尼之前两年的称呼。6. 优婆塞，在家的男信徒。7. 优婆夷，在家的女信徒。8. 近住男，受三皈依、八关斋戒的男子。9. 近住女，受三皈依、八关斋戒的女子。

佛教中除了八关斋戒之外，还有“三长斋月”，又叫作三长月、三斋月、善月、神足月、神通月、神变月。指的是在正月、五月、九月三个月中，长期持斋，坚持过午不食。

正、五、九为斋月，其中的缘由与八关斋戒相近，均来自佛教对于印度的传统信仰的改革。据《释门正统》卷四载，唐代之时，三长斋之法极为盛行，在此三月，国不行刑，不杀畜类，称为断屠月、断月。

断　食

斋戒中一个引人注目的特点是“断食”。目前受到关注的其他断食方法还有印度瑜伽术的断食法、道家的辟谷和西方的自然疗法中的断食法。印度自古就有断食的修行法，一直受到瑜伽派和其他苦行派的重视。他们往往在特定期间内断绝饮食，以此祈求大愿实现或梵行成就。

断食，在西方社会也是一种古老的养生方法，也是治疗癌症等重大疾病的“自然疗法”中的一部分。它泛指不吃谷、麦饮食。具体又可以分为两种：一种不吃一切饮料、食物，一种可以进食部分瓜果、菜蔬。

道家的辟谷，按《辞海》的解释，亦称“断谷”、“绝谷”，即不吃五谷。后来为道教承袭，当作“修仙”方法之一。辟谷虽然不同于吐纳，但也是一种“服气”的方法。如《山海经》一书中所记“无骨子食气”的事例，以及《楚辞·远游》描写的“食六气而饮沆瀣兮，漱正阳兮含朝霞。保神明之清澄兮，精气入而粗秽除”，都能说明这一点。

断食在现代的健身潮流中也扮演着重要角色。许多年前，著名作家卡夫卡就写过一篇小说，题为《饥饿艺术家》，对断食表演作了入木三分的刻画。近年来，小说中描写的戏剧场面却在现实中上演，无论国内国外，都引起了轰动，专家学者乃至社会各阶层的人士都纷纷站出来发表意见。这个问题近来已引起颇大的争议，因此，有必要对于佛教的“断食”作一个考察。

佛教的经论中的确使用了“断食”这个说法，而且出现的次数不少。但作为一种修行方法，它与现代人通过断食而健身的追求可谓大

异其趣。尤其密宗行者，为表示诚心及保持身体清净，都要修行断食。断食又必须先具足八关斋戒，或断食二三日。

人的身体作为一种活的物质存在形式，离不开饮食的滋养、能量的补充。因此佛教将饮食与衣服、卧具、汤药一起列为必备的四种供养之一。不过佛教不是把饮食当作目的，而是当作一种手段，所谓借假以修真。佛教在饮食问题上奉行中道哲学，既不自苦，也不纵欲。

佛教是从精神的层面来谈断食的。它要断除的，并不是一般的饮食，也不是所有的饮食，而是特指“秽食”。换句话说，它要断除的并不是饮食本身，而是饮食所引生的贪爱、愚痴。《杂阿含经》卷二十一说：

如此身者，秽食长养，骄慢长养，爱所长养，淫欲长养。……云何名依于秽食，当断秽食？谓圣弟子于食计数、思惟而食，无著乐想，无骄慢想，无摩拭想，无庄严想。为持身故，为养活故，治饥渴病故，摄受梵行故，宿诸受令灭，新诸受不生，崇习长养，若力、若乐、若触，当如是住。譬如商客以酥油膏，以膏其车，无染著想，无骄慢想，无摩拭想，无庄严想，为运载故。……是名依食断食。

佛教崇尚智慧，认为唯有智慧能够除去愚痴障碍和烦恼障碍，获得福慧增长，因此，应当以智慧来护持身体健康、寿命长久，以床褥、衣服、饮食及汤药来维持身体的基本功能。如果断绝这四者，则身坏命断，并无好处。道由戒、定、慧而得，不是由邪行而得：

以此护身命，坚持于禁戒。
持戒得定慧，不修苦行得。
自饿断食法，不必获于道。
身坏即命败，命坏亦无身。
毁戒无禅定，无禅亦无智。
是故应护命，亦持于禁戒。

以断食求涅槃的宗教团体，佛教把它们贬称为“自饿外道”。认为它们不求智慧，以为饮食本身就是正道，愚昧地坚持断食，或仅食草叶，以苦行折磨身心，违反了中道的原则，要想成就涅槃，永无是处！佛经中经常以讽刺的语气说：如果断食就可以获得幸福的话，那么野兽就应该立刻时来运转了。佛教揭露这些外道说：“教人远家居，修于苦行法，投渊及赴火，自饿亦断食。观其教旨意，欲令门断绝。斯诸婆罗门，乐为杀害事，是故我舍离，当入于佛法。”

释迦牟尼成道之前，也曾经修了六年苦行，其中包括断食。然而他发现这不是正道，于是断然舍弃。由于这一段经历，他在破斥断食法、降服婆罗门教徒方面，显得更加理直气壮。同时，佛陀也对别人误解他的断食方法作了预防。他说，我宣扬过节量穿衣，节制饮食，但如果有人因此而主张断食而住、露体而行，并以此为最妙、最善的佛法，这最多可以称为“相似正法”，即并不真实的佛法。

佛教所奉行的断食是一种修心的方法，而不是修食的方法。这也是“斋”的意思：自净其心。所以，断食往往是和忏悔、禅定等方法一起使用的。例如，《大般涅槃经》卷十六中说，若杀恶人则有罪报。杀了而不忏悔则堕饿鬼道。若能忏悔，断食三日，则罪障可以消灭。

同时，佛教认为，断食对治疗疾病是有帮助的。据《萨婆多毗尼毗婆沙》卷一载，目连问耆婆：“弟子有病，当云何治?”耆婆答曰：“唯以断食为本。”

从以上所述的两个意义上说，八关斋戒中断食是佛教所提倡的。《菩萨本缘经》中说，有一位龙王，深知在物欲横流的地方修八关斋戒难以成功，便远离世间，至寂静处，去除淫欲、嗔恚之心，修大慈悲心，清净持斋，坚持多日。因为断食而身羸瘦不堪，饥渴疲乏，极度困倦，但却成功圆满了八戒，对众生心再也没有杀害的念头。这位龙王在眠睡中，却忽然被脚步声惊醒了。她听见几个恶人正在商量，要剥掉自己身上文彩斑斓的龙皮。便立即警惕自己，安住正法之中，不以恐怖的身形吓死他们。由自己劝慰自己：不应念惜此身，这几个恶人会因为杀我而堕地狱，宁愿自杀也不要让他们现在受苦，将来也不冤冤相报。于是，当恶人执刀剥皮时，龙王默然忍受。心中思惟：对父母、兄弟、妻子能如此默忍的，还不足为贵，能够对仇敌如此，才真正可贵。现在他们让我做到了这一点，他们才真正是我的好老师！祝愿他们用这张皮换来无数财宝，愿我来世也能经常布施人们无数财宝。龙王既被剥后，遍体鳞伤，苦不堪言，这时又有无数蚊虫叮咬。龙王又祝愿将来能够供给这些小虫无数法食。这便是佛经中所宣扬的持守八关斋戒的榜样。

不断慈种，茹素净食

佛教素食观的滥觞

佛教传到中国后，饮食制度发生了一些变化。相对而言，中国寺院所重视的不是进食的时间，而是食物的性质。汉传佛教树立了“以素食为斋”的醒目的旗帜，卓然挺拔于佛教之林。不吃鱼、肉、蛋、奶酪制品、酒以及葱蒜等刺激性的蔬菜、佐料，是素斋的特点。少数中国僧人也沿门打斋，但多数人的伙食由寺院准备。他们对食物的选择可以说享有充分的自由，就把佛教的精神更深入地与饮食结合起来。中国的广大寺庙则至今仍然保持着素食的优良传统。

中国的素食与印度的“斋”之间有着天然的联系。“斋”意味着净化心灵，有所禁忌。我国早期的饮食经典《礼记·礼运》以“饮血”、“茹毛”来描绘、反省蛮荒时代的情形，说明此时对荤素的意义已经有了明确的辨别和选择。在重大的祭祀活动的前夕，一定要“茹素数日，以净其身，清其心”，帝王贵族，黎民百姓，莫不认同，莫不遵行。中国民间一直流传的初一、十五吃素的习俗，真切地体现了这种理念。原来，夏王桀于乙卯日被商汤所灭，商纣王在甲子日灭亡，均由于花天酒地，穷奢极欲。后来的诸侯逢每月初一、十五日便吃素斋戒，民间效仿，演变成俗，称“朔望斋”。

春秋战国时期，经过诸子百家的互动，我国以恬淡、仁爱、养生为主流的饮食文化的轮廓基本形成，为素食文化奠定了基础。儒家基于“仁爱”而主张“君子之于禽兽也，见其生，不忍见其死，闻其声，不忍食其肉”。医家提出了“不味众珍”的原则，“众珍”主要指游鱼、飞鸟、走兽之类的动物食品。《吕氏春秋·本生》指出“肥肉厚酒，务以相强，命之曰烂肠之食”，产生了深远的影响。西汉初期，淮南王刘安发明了豆腐，把素食推向了一个新阶段。孙中山说：“此物有肉料之功，而无肉料之毒，故中国全国皆素食，已习惯为常，而不待学者之提倡矣。”

佛教传入后，渐渐有人提倡素食。天监十二年（513），梁武帝下诏禁宗庙牺牲，蔬食断肉，省贪绝欲。天下水陆，不令搜捕。又敕太医不使肉药，公家织官，锦帛并断。又造《断酒肉文》及《着净业赋》，引经据典，向僧俗阐明断酒肉的道理，以经教所云“佛法寄嘱人王”为理由，要求僧尼共申约誓，各各检勒，谨依佛教。“若复饮酒噉肉不如法者，弟子当依王法治问。”因为“诸僧尼若被如来衣，不行如来行，是假名僧，与贼盗不异。如是行者，犹是弟子国中编户一民，今日以王力，足相治问”。天监十六年（517），以宗庙用牲牢有累冥道，诏令以面为之，其余尽用蔬果，成为后世茹素办食者的依据。

佛教史上对梁武帝多有贬词，尤其以达摩与武帝对话的公案，说明他对佛法并未深入堂奥。然而他依据《涅槃》等经中“杀生断慈悲种”一语，以国家政权来匡正佛教，禁断酒肉，却得到教内的高度肯定和切实践行，影响后世也最大。隋唐以后，依《梵网经》受菩萨戒的风气甚盛，其中的食肉戒，成为素食的戒律根据。素食从此成为僧团生活的定制，迄今未改。

此后，提倡佛教素食而影响深远的人物代代不穷。如智者大师创建放生池；六祖惠能放生、吃肉边菜；王维兄弟笃志奉佛，素衣蔬食；苏东坡撰《菜羹赋》，提倡安贫乐道、好仁不杀、回归大自然；莲池大师践行之余撰《戒杀放生文》；藕益大师、印光大师、弘一大师均言传身教，感人至深。

汉传佛教徒的素食是相对动物肉食而言的，乃以植物为主要的食物。大乘佛法一本佛陀“慈爱与乐，悲愍拔苦”的精神对待众生，故倡素食。所依据的主要是《涅槃经》《楞伽经》等大乘经典，及《梵网经·菩萨心地戒品》中的戒条，认为戒杀与素食是一体两面。众生形体虽殊，而觉性不异，好生恶死之情尤与人同，不应肉食而戕害其性情，所以戒杀、茹素为实践佛陀慈悲精神的一种方便。

或许有人会说，植物也有生命，不食动物而食植物，照样未能圆满好生之德！佛教界对此的回答是：动物与植物虽然同有生命，然而动物能将众生同有的贪生畏死之情，恐怖呼号而出，感动我们的心灵，让我们凄恻、忐忑、不安，植物却没有如此情状，所以食植物无伤于修慈之心。不过，佛教界并不认为这种说法一无是处，它也赞成更进一步，即修行禅定，长期以禅悦为食，或者经过长期的修行而生到不食段食的天上。但在人间的佛教徒，则不必走到完全断绝饮食的路上。因为佛教是修心，而不是修食。

长期以来有一句话在中国大地非常流行：“酒肉穿肠过，佛祖心中坐。”很多人以此为由，认为素食是不必要的。从般若的立场来说，诸法自性空，酒肉非酒肉，有证量的人安住于无碍解脱，自然不必拘泥于表象。另一方面，这句话的意思并不是号召人们敞开肚皮吃肉喝酒，而是要人不要被饮食所迷，不要以为素食就是道。离开了佛道，素食也就不成其为佛教的素食。但是，一般的人不仅没有这样的境界，而且并不明白其中的道理，接受这句话很可能导致误解佛教的素食，同时忽略教理中所说的因果原理。佛教说，行善者有善报，行恶者有恶报，“心好”、“洒脱”并不等于可以超越这样的因缘法则。一个人如果不相信因果报应，或不在乎它，自然也就不必与佛教的素食发生关系，但不应认为佛教提出了“心好就不必素食”的主张。

佛经中说，一日持斋，有六十万岁粮。还有五福：少病、身安、少淫、少睡、能生天并知道过去生中的事。为什么有如此功德呢？佛说慈心功德最大。一日持斋，则一日都是慈心，所以能获得这样多的果报。《华严经》说，观一切众生所种种子甚微小，获果甚大。如春种一粒，秋收万颗。善恶因果，也是如此。因此可知，起一念慈心，成为万劫常乐的福本，何况能够念念相续。

斋 菜

佛教素食与中国传统中深厚的文化底蕴相结合，产生了独具特色的斋菜体系。斋菜用各种瓜果蔬菜和豆制品做成，禁用动物性原料和五辛，也吸收了道观菜不用五荤的特点，严格的斋菜还禁用禽蛋和乳制品。斋菜品种丰富，工艺独到，人们将它奉为“养生菜”，视作“不味众珍”、“平易恬淡”的传统养生之道的典型。不少高僧大德常年持斋而安享福寿康泰，为斋菜赢得了极隆的声誉。它自成体系，与四大菜系并列至今，共同组成了声誉卓著的中华饮食文明。

梁武帝倡导断肉食以后，素食之风大盛，素馔即应运而兴，并取得了重大发展，“寺院素菜”由此出名。隋唐时期，礼佛风气极盛，大小寺院林立，且均设有膳房，称为“香积厨”。除了自行料理伙食外，也对香客开放，供应素馔及素席。佛门并称此为“素斋”或“斋菜”，形成独特风味。由于搭伙的人实在太多，寺院只好烧大锅菜应付，“罗汉斋”这道名菜于焉产生。罗汉斋又名“罗汉菜”，一般用料在十种左右。如多达十八种，则称“罗汉全斋”，意即十八罗汉一个不少。历代人士在佛门设素席时，莫不备办此菜，以示隆重。南宋时期，素菜再次掀起了高潮，全国许多的寺院都能做出一些色香味俱佳的素食名菜。汴梁还出现专门的素菜馆。皇宫中也专设有“素局”，以供皇帝、皇后斋戒之日用。到了清朝时期，不光寺院有罗汉斋供应，民间甚至宫廷亦常制作，变得有点家常菜的味道。斋菜水平进一步提高，成了与四大菜系并列的又一系。

我国传统的斋菜可分为寺院斋菜、宫廷斋菜与民间斋菜三个流派。寺院素菜讲究“全素”，禁用五辛调味，且大多禁用蛋类。寺院斋菜以罗汉菜为代表。罗汉菜一般用菜蔬和瓜果之类，与豆腐、豆腐皮、面筋、粉条等，先用香油炸过，再加汤一锅同焖，颇有山家风味。

宫廷斋菜追求用料的奇珍、烹调技法的考究、外形的美观适意。清朝时期，大年初一到初五，宫中都要吃斋。这些素食，大多是模仿寺院的斋食精制而成，品种非常丰富，不限于罗汉菜。

民间素菜用料广泛，美味而经济，为人们普遍接受。由于结合了全国各地的风土人情、饮食习惯，因而异彩纷呈。

在斋菜的发展中，“全素”与“仿荤”是具有重要意义的发展方向。“全素”派追求“清净”，用料上绝对排除肉类、蛋类、五荤甚至乳类制品；“仿荤”素菜在清朝时期已发展到一定的水平，如用山药、豆腐皮做成的“素烧鹅”等，虽多限于形的模仿，在当时也可称得上美味素菜了。

近代以来，斋菜更取得了长足的发展。许多大型城市都出现了斋菜馆，寺院也在积极提高斋菜的工艺，发挥它的影响。

现代素菜的仿真则达到了神形兼备的地步，不仅可以以假乱真，而且美味堪与荤食大菜媲美，甚至更胜一筹。采用纯天然植物为原料，经高科技手段加工提取，其营养价值远非肉食可比。享受如此美味，体会自然、体会回归，不亦乐乎！

存思五观，二时临食

佛教将乞食、进食的过程视为一种重要的修行方便，早在佛陀的僧团中，就对涉及的各个细节制定了相应的仪轨。

乞食比丘应早起，如法着屣、内衣、腰绳、下衣，取僧衣及钵，将钵洗刷干净，平稳放在安全的地方。出门时应一心清净，关闭门户后，藏好钥匙，不让人看见。到达村落附近时，选一个土地平正、草茂盛柔软的地方，放下饭钵，整理衣服，然后左手摄衣，右手擎钵，低头视前方而行。至施主门外时，应先弹指或咳嗽出声示意。入门后应揣度立于何处。接受递过来的食物时，手不要放到食物的上方。若对方是女人，不应跟她说话，不应盯着对方，不应分别相貌美丑。得到足够的饮食后，远离人群，抖去僧衣上的灰尘。回到住处后，放下衣钵，洗脚，到僧众公用的饭堂，清扫房间，洗净盛食的器皿，敷好坐具。到开饭时，打揵椎、唱喏，集中僧众，各就各位。当进食时，如果有比丘后来，应递水与他。众人饭食完毕，应收好坐具，清扫地面，丢弃垃圾，净洗盛食器皿，提着水瓶，先到师父房中，凡应作之事作好，然后还房。或诵经，或坐禅，或经行。如果师父要为四众说法，弟子应扫除说法场所，准备一切事宜。如果师父要洗浴、点灯，都要好好照顾。

此外，还有很多细节。如佛陀接受别人的布施时，受平钵食，即饭食不高过钵沿。进食时，徐徐放入口中，未到口边，不预先张口。

进口中后，咀嚼三次再咽下。饭后洗手、洗钵时，水不高不下，不多不少，洗净即可。

如果一位比丘没有生病，到非亲非故的居士家里，或在比丘尼旁边时，没有别人的要求，不应自己就去取食。不是亲戚的人，不应把他当成亲戚那样接受布施，亲戚又不能不当亲戚对待，乞食时应当分清，不可随意。

取食时不应当轻舒长臂，不应当振动手臂，不应当吐舌头、做鬼脸，动作夸张、轻浮。

沙门进食时，采用分食制度，不在同一个碗、盆、钵中进食。既不与出家人共享食器，也不与在家人共享。共享则不净。

比丘进食时如果左右张望，则有失威仪，应当一心看着钵中进食。

进食不应抛撒饭食。不应让饭食落到地上。

饭食进口时不应发出声音。

应将饭团送入口中，不应吸着吃，不应当用舌头舔着吃，不应当大张着口吃，不应当边吃边抽搐鼻子。

不应当边吃饭边说话，这样容易让饭食落到衣服上、地上。

进食时不应当两颊、两腮鼓胀，不应当把咀嚼了一半的饭食吐回钵中，不应当狼吞虎咽。

最为关键的，是要一心清净，善于护持念头，使六根清净，这样自然就会显得优雅，受人尊敬。例如一位菩萨入城乞食时，威仪庠序，视地而行。虽然没有钵盂，手中所持的只是莲花叶，仍然举止得体，气宇不凡。当时，国王与群臣正好在高楼上远眺，看见了这位菩萨，都觉得出奇地优雅，交口称赞，一致以为必定是天上的神圣下凡。

佛教传入中国后，进食仪轨有了一些变化，但仍然受到格外的重视，各地僧团或佛寺根据有关戒规制定了相应的仪轨，并衍为每日的一大佛事活动：每日早晨和午前进食时，全体僧众闻号令穿袍搭衣齐集斋堂，讽诵偈咒，先奉请十方诸佛菩萨临斋，其次取出少许食物，通过念诵“变食真言”等咒子，普遍施予“大鹏金翅鸟”、“罗刹鬼子母”及旷野鬼神众，然后食存五观、进食，用斋毕还须为施主回向祈福。若逢佛、菩萨的圣诞、重大的节日，还须到佛祖像前举行上供仪式。和印度佛教一样，在进食的过程中还要根据戒律遵行一定的规矩。著名的《百丈清规》在《日用规范》篇中说：“吃食之法，不得将口就食，不得将食就口，取钵放钵，并匙箸不得有声。不得咳嗽，不得搐鼻喷嚏，若自喷嚏，当以衣袖掩鼻。不得抓头，恐风屑落邻单钵中。不得以手挑牙，不得嚼饭啜羹作声。不得钵中央挑饭，不得大抟食，不得张口待食，不得遗落饭食，不得手把散饭。食如有菜滓，安钵后屏处。……不得将头钵盛湿食，不得将羹汁放头钵内淘饭吃，不得挑菜头钵内和饭吃。食时须看上下肩，不得太缓。”规定可谓细致入微。宋明理学家常憧憬一种约束身心、进退有序而生机盎然的“礼乐”生活，而当他们到禅堂参观僧人的“过堂”（即就餐）等仪式后，竟也由衷地称赞说“三代礼乐，尽在其中”，悲叹“儒门淡泊，收拾不住，尽归佛门”。

觉醒法师所著《佛教礼仪观》中，对僧人进食的仪轨作了详细叙述，现转述如下：

> 僧人用斋称为“过堂”，寓意用斋之处不可贪恋，只是匆匆而过。戒律规定出家人只能一日两餐，过午不食，所以又称为“二时临斋”。
>
> 过堂时，大众听闻鱼梆、云板之声，齐集斋堂，对佛问讯后落座。维那举腔，大众随引磬同声念“供养咒”，出食者随即出位合掌，将食筷夹于两手大拇指中间，至斋堂中问讯，然后来到

供桌前问讯，将食筷双手举起，筷头夹成三角形。念至“供佛及僧”处，出食者双手一举，缓步走出斋堂出食。

早斋出食时，出食者在出食台前默念“法力不可思议，慈悲无障碍，七粒遍十方，普施周沙界”一遍，“唵，度利益莎诃”七遍。午斋出食时，默念“大鹏金翅鸟，旷野鬼神众，罗刹鬼子母，甘露悉遍满”一遍，“唵，穆帝莎诃”七遍，出食完毕，回到供桌前问讯。

这时，维那独自唱：“佛制比丘，食存五观，散心杂话，信施难消。诸师闻磬声，各正念。”敲一下引磬，大众回答：“阿弥陀佛！”便开始吃饭。

吃饭时，每人两碗一筷，一只碗装饭，一只碗盛菜。吃饭时不许讲话，碗筷也不许发出声音，添加食物，只能以筷子示意。在念“供养咒”时，行堂师傅（即负责服务工作的僧人）已将饭菜分好，并排放置在桌边。吃饭时，先以左手取饭碗置于右边，再以右手取菜碗置于左边，然后取饭碗就食。需要添饭时，将饭碗伸出，用筷子指示所需要添加的饭量。需要加菜时，筷子竖放在碗中，表示想要添的是干而汤少的菜；筷子平放在碗口时，表示想要添汤。吃好以后，仍将两碗平放到桌边，筷子置于两碗中间。

等大众吃饭完毕，僧值师走到斋堂中央，面向供桌站立，表示结束用斋。这时，维那师举腔，大众随引磬声唱“结斋语”。唱毕，对佛问讯，依次离开。

僧侣在用餐时，还应当起的五种观想，即所谓的“食存五观”：

1. 计功多少，量彼来处。即思惟此食所用之功甚多，如垦殖、耕除、收获、蹂冶、舂磨、淘沙、炊煮等功，又计一钵之食，观想劳作者之汗多食少，若有贪心，则堕地狱。

2. 忖己德行，全缺多减。自忖己身德行，若不坐禅诵经，不营佛法僧事，而受他人信施，则堕恶趣，知之而布施者亦堕之，故须忖量己身德行是否可获供养。

3. 防心显过，不过三毒。即食分上、中、下；上食起贪，下食起嫌嗔，中食生痴舍。贪重则堕地狱，嫌嗔则生饿鬼不得食，痴舍则堕畜生，故须先观食，离此过，方能生三善根。

4. 正事良药，取济形苦。即做良药之想，观想治饥渴如除故病，及减约饮食如不生新病。

5. 为成道业，世报非意。即观想借由食物使食久住，借由寿命的相续而成慧命，修三学以伏灭烦恼。

因为进食时要心存五观，所以斋堂又称为五观堂。这较好地反映了佛教对饮食的态度及对饮食的作用与目的的看法。宋代著名学者黄庭坚有鉴于此撰写了《士大夫食时五观》，将佛教的上述思想融入到儒家的理念之中，表明这对于世人反省自律，养成珍视他人劳动、爱惜粮食的习惯，增进道德，有着启发、借鉴的作用。

佛教关于进食方面的戒规、仪轨，拓展、丰富了人类饮食行为方面的功能，除了通常的疗饥渴、求营养、求滋味、交谊应酬、养生之外，还被赋予了祭祀、修心养性及教化的功能，文化韵味浓厚，在历史上产生了深远的影响。

养生延福观

均衡营养，健康是福

素食的营养

提到佛教素食，许多人不是立刻联想到那些健康长寿的高僧，而是首先怀疑素食的营养。这种观念甚至一度影响了佛教的发展。好在营养学的进步已经扭转了人们的想法。根据目前的营养学知识，素食不仅有利于健康，而且素食者比肉食者更加健康。

佛教的经典教义立足于清净慈悲，并不强调从营养的角度来观察素食，但也有必要做出回应。现代佛教素食者也利用了正在蓬勃发展的国际素食主义的成果，从各方面进行了探索。这里也就借他们的观点，来谈一谈佛教素食的“营养观”。

营养素包括蛋白质、脂肪、碳水化合物、水、无机盐、维生素和膳食纤维。它们必须保持一定的比例，才能做到膳食平衡，营养合理，达到防病祛病、健康长寿的目的。按能量的合理分配计算，膳食中前三种营养素的比例应该是：蛋白质 10～15%，脂肪 20～30%，碳水化合物 60～70%。

现在，人们普遍关心的是膳食中蛋白质的含量，并且认为肉食中的蛋白质含量更高。这是错误的：

家庭常见食物中的蛋白质含量表（克/100 克）

素食	蛋白质	肉食	蛋白质	素食	蛋白质	肉食	蛋白质
腐竹	44.6	牛蹄筋	38.4	榛子	30.5	带鱼	19.7
黄豆	35.6	牛瘦肉	19.8	紫菜	28.2	黄鱼	20.2
油豆腐丝	24.2	牛肝	19.8	海带	4.0	鲤鱼	18.2
臭豆腐	14.1	牛肚	12.1	香菇	20.1	鲢鱼	17.4
白豆腐丝	22.6	牛后腿	19.8	黑芝麻	17.4	对虾	16.5
油豆腐	18.4	牛后腱	18.0	松子	14.1	海蟹	12.2
绿豆	20.6	猪瘦肉	20.2	莲子	19.5	鸡肉	19.1
蚕豆	25.8	猪肝	22.7	木耳	12.4	鸡腿	17.2
熏豆腐干	15.8	猪腰	15.2	栗子	4.1	鸡肝	17.4
素鸡	17.1	猪后肘	16.1	毛豆	13.0	鸡心	15.3
干豌豆	20	猪前肘	15.1	花生	26.6	羊瘦肉	17.1
白豆腐干	13.4	猪肠	6.9	核桃	15.2	羊腿	19.7
红小豆	20.1	猪五花肉	14.4	西瓜子	32.3	鸭肉	19.1
豌豆	8.5	猪奶脯	7.7	葵花子	22.6	兔肉	19.7

对于蛋白质的认识也有一个深化的过程。曾有一段时间，人们以为肉类蛋白质优于植物蛋白质，但早在 1950 年，英国医药协会的营养委员会就曾提出，“主要的蛋白质是取自动物食品或植物食品其实无关紧要，重要的是营养配合得当，易于吸收”。后来的医学证明，蔬菜里的蛋白质不仅对人体有同样的营养价值，而且比肉食更容易吸收，分解代谢很少产生毒素。

素食主义者国际联盟主席乔尔乔·齐尔凯迪博士撰写的经典著作《素食革命》中，更进一步提出了一个主张：没有必要刻意搭配多种植物食品以补充蛋白质。素食主义者从每天所吃的植物性食物谷物、

蔬菜、坚果和水果中可以摄取足够的蛋白质。《一个小行星上的饮食》一书的作者弗朗西斯·莫尔·拉佩在该书的修订版中，也通过更正自己的错误，表达了同样的观点：

> 《一个小行星上的饮食》制造了一个新的误区，那就是为了在不食肉的情况下获取蛋白质，你就必须有意识地将非肉食类食品进行组合，以制造出一种和肉类蛋白质一样，可以为身体所利用的蛋白质。补充蛋白质本身并不是一个神话，它真的能够起作用。其错误之处在于这样一种观点，即大多数依赖低肉食或者无肉食饮食生活的人都有必要补充蛋白质。实际上，在保证饮食健康和多样化的前提下，补充蛋白质对我们大多数人来说都是没有必要的。

科学家告诉我们，营养素来自于土地、日光、空气和水分，尤其阳光照在植物上，由于光合作用产生的营养成分最多，土地中的养料更是被植物直接吸取，营养从植物中来。食素者直接接受营养，食肉者间接接受。通过均衡全面的饮食，即使只吃植物食品也能够获取必要的营养。反之，如果饮食结构不均衡的话，可能会出现维生素 D、维生素 B_{12}、核黄素、矿物质、铁、钙和锌的缺乏。

为了避免营养不良，吃出健康，应当多吃糙米和大豆、豆腐、豌豆等豆类食品；以腰果、杏仁等富含油脂的坚果补充人体所需的热量；多吃种子和干果；蘑菇、绿色蔬菜的品种尽量多样化；多吃一点野菜，它们一般生长在空气清新、阳光充足、土壤肥沃的地方，无污染，营养价值相对较高。

铁可以从葡萄、猕猴桃、西红柿等含铁量高的水果得到补充。维生素 D 和维生素 B_{12} 的摄入则需要对生活进行一些调剂。维生素 D 是当太阳照射到我们的皮肤上时由我们的身体合成的。豆奶中也加入了维生素 D。豆汁、螺旋藻和海藻中都含有少量的维生素 B_{12}。有些麦片、营养酵母片也含有大量的维生素 B_{12}。

一个素食主义者在烹调中应当尽量遵循少油、少盐、少糖的原则，它们所含的热量高，营养价值却很低。尤其爱美的、要保持苗条身材的女士，油炸食品和甜食过多，想不发胖是很困难的。要适量食用豆类、坚果、种子和肉类替代品、低脂肪的东西。可以大量吃水果、蔬菜，尽情享用全谷物类食品、面包、麦片等。

“二战”以来，科学家们形成了一个全新的观念：饮食对健康和长寿至关重要，而素食也许应是人类最终的饮食标准。1988 年，美国卫生局提出的一篇营养与健康的报告，引用了一项重要的研究，显示三十五岁至六十四岁的美国人死于心脏病的，素食者只占百分之二十八，年龄更大死于心脏病的，素食者就不及非素食者的一半，同一研究也显示，素食而吃蛋与牛奶制品的人，胆固醇比吃肉者低百分之十六，而严格素食者则低百分之二十九。该报告的主要建议是降低胆固醇与脂肪（尤其是饱和脂肪）的消耗量，增加全麦、糙米和谷类食物、蔬菜（包括干的豆类）和水果，减少胆固醇和饱和脂肪的食用，事实上意味着尽量不要吃肉。

其实，营养结构和饮食结构都是由我们的生理条件决定的。究竟肉食还是素食更适合人类呢？两千多年前，普卢塔克在他的名著《摩拉里亚》中曾作过一个解释：

> 我们必须说明，他们关于食肉的习惯是建立在自然基础之上的说法是相当荒谬的。人类并不是天生的肉食动物，首先是因为人类的身体结构。人类的身体结构显然与那些天生的肉食动物完全不同：人没有带弯钩的尖嘴、尖利的爪子和锐利的牙齿，也没有强健的肠胃和温暖的消化液来吸收大量的肉类。我们的牙齿很平滑，我们的嘴巴很小，我们的舌头很柔软，我们的消化液酸性

太弱而无法消化肉类。以上这些事实，自然就否定了我们吃肉的习惯。如果你仍然声称自己是天生的食肉动物，那么就请你自己宰杀所要吃的动物。但必须凭借你自己，而不能使用砍刀、短棍或其他任何刀具。就如同狼、熊和狮子自己撕食捕捉来的动物那样，你也必须用你自己的牙齿和嘴巴去放倒一头牛或者一头野猪，把一只羊或一只兔子撕扯成碎片。扑上去，趁猎物还活着的时候就去吃它们，食肉动物都是这么做的。

食肉只是一个习惯，而不是天然。除了两极地区，世界上其他地方的过量肉食只是最近几代才出现的现象。仅仅在几代人以前，肉还是逢年过节才被食用，欧美也同样如此。人们是因为外界的影响而选择成为肉食者的。现在，我们已经有能力控制环境了，可以轻松地耕种出品质优良的庄稼，应该回到更加适合自己的饮食结构。

有一个例子非常经典，也非常幽默。民国时期，青城山有一位采药道士李青莲，久居林泉、一向清苦却享有高寿，被人尊称为“青城山道人”。1939 年时李青莲已活到 154 岁，依然耳聪目明，神清气爽。他的妻子还透露说，这位仙人素来无病，性功能犹如年轻人。时人无不嗟叹，惊呼为“仙人”。一些达官显贵经过多方考察，认定李青莲的长寿确实不假。又由于他精通医道，于是敦请下山，以示仰慕。在山下，李青莲被众人奉为上宾，饭菜一概由名师烹调，所谓“一菜一味，荤百格”，没有一份菜是重复的。李仙人毕竟不是真正的神仙，难得面对如此珍馐佳肴的诱惑，于是开怀大吃，饱尝山珍美味、历代名膳。二十来天以后，这位一向早起的仙人却出人意料地悄然而逝。尸检证明，他的各个器官都没有问题。一位生前故旧用三个字总结了李青莲的死因：“吃死了。”无独有偶，17 世纪活了 152 岁的英国农夫托马佩普也因为类似的原因死于皇宫。

素食更适合于人

现在，人们已经发现素食有诸多好处。首先，素食可长驻青春。许多居士自幼长斋奉佛，坚持素食，体泰神怡，不知老之将至。甚至有五十多岁的女居士，看上去却犹如花季年华的少女。信佛虔诚的人，了解到自己的身体不过是四大假合，终归幻灭，一般都不特别注意身体保养。他们健康的秘密，实际上是由于了知因果业报之理，万事随缘，心中无烦无恼，精神愉快。而日常三餐素食，让血液保持碱性，血液清澈，流畅无碍，身体清爽，精力充沛，也与看上去年轻的外表有极大关系。据传闻，老牌电影明星胡蝶，因为日常素食，古稀之年依然风韵犹存，可作为素食驻颜的又一佐证。

皮肤的粗糙或润泽，最能反映血液状况的好坏。所以有人说："皮肤是健康的镜子。"皮肤粗糙的主要原因，是汗腺的作用发生异常。汗腺的作用是新陈代谢。人体分泌出来的汗液内，含有食盐、尿素、乳酸等，正是它们成了皮肤粗糙的罪魁祸首。它们混在汗内不断地分泌出来停留在皮肤的表面。皮肤粗糙、黑斑、雀斑等等毛病的治疗，只有血液状况改善了，才有根本治愈的可能性。

动物性脂肪是酸性的，假若我们肉类吃得过多，血液的酸度也随之增高，而血液里的尿素和乳酸量也增多。乳酸一旦随汗液来到皮肤表面，就不停地侵蚀那里的细胞。受了侵害的皮肤没有张力、失去弹性，尤其是面部皮肤显得特别松弛无力，一遇冷风或被日光曝晒，皮肤马上裂开或发炎，一眼就看得出来。

植物性食物含碱性矿物质，植物性脂肪也偏碱性。素食能中和血液，大大减少乳酸含量，同时，钙等矿物质又能把血液里有害的污物清洗掉，从而减少损害皮肤的有害物质随汗液排到表面。经洗净后的血液，就能充分发挥作用，也使全身各个器官功能活泼，全身充满生气，皮肤自然柔嫩光滑，颜色红润。正如一条河，清澈见底的水流自然拥有美丽的风光，让血液变得清爽，皮肤自然光彩照人。所以说素食是最为有效、最为根本的“内服美容圣品”。

除了皮肤较好，素食者的体重也比肉食者更轻。古语说：“肥胖是福”，但现在的人们普遍把肥胖视为可怕的文明病。过胖是过多的脂肪在体内不易排泄堆积下来的结果。肉类比植物含有更多的脂肪，而且肉中过多的蛋白质也会转变成脂肪。它们含有过多的热量而无处使用，囤积下来，使人发胖。所以，现在的报纸、电视、广播等推出的食物广告，都是堂堂皇皇地宣传低热量的食品，而不敢宣传高热量。植物性的食物热量低，所以素食的人能保持适当的体重。而且，素食能使血液变得略微偏向碱性，使身体的新陈代谢作用活泼起来，得以把蓄积于体内过多的脂肪及糖分燃烧掉，从而能自然治愈肥胖。

素食者虽然体重不及肉食者，耐力远却超过了他们。我们通常总以为干体力劳动的时候非要靠鱼肉来补充身体不可，但是事实并非如此。众所周知，少林寺的武僧力大无穷，可他们是素食主义者。现代运动场上的一些例子也带给我们很好的反思。在影坛上绰号“人猿泰山”的约翰威斯慕拉，也是驰名世界的游泳冠军。他接连刷新世界纪录五十六次，但是在练习时间，他戒绝一切的肉食，所有的食物都是他自己选择的各类蔬菜，使得他的耐力及精力远胜从前。如果这些都还只是一些个案的话，百科全书里，却记载着许多划时代经典实验：

1904 年，比利时大学的舒特登对人的手臂进行了研究，他比较了素食者和食肉者的耐力、力量和疲劳消除的速度，结果显示，素食者在三方面都较强。

1907 年，耶鲁大学的经济学家费希尔进行耐力试验，他比较了惯于正常高蛋白饮食的运动员、惯于无肉低蛋白饮食的运动员和坐办公桌的无肉低蛋白饮食者，结果证实，素食者的耐力远超过食肉者。

1909 年，密歇根州巴托克里克疗养院的凯洛格发表了他所做类似的实验结果，再次证实了费希尔令人惊讶的发现。

总之，过去乃至最新许多科学的研究显示，实行素食的人，不论耐力、体力，甚至寿命都远胜过荤食者。

现在已经发现的素食的好处还有：

1. 降低胆固醇含量，减少肥胖症、糖尿病、高血压、高血脂和冠心病等“五病综合征”的发病率。

2. 减少患癌症机会。

3. 没有寄生虫之虞。绦虫及其他好几种寄生虫，都是经由受感染的肉类而辗转寄生到人体上的。

4. 减少肾脏负担。各种高等动物和人体内的废物，经由血液带至肾脏。肉食者所食用的肉类中，一旦含有动物血液时，更加重了肾脏的负担。

5. 易于储藏。植物性蛋白质通常比动物性蛋白质更易于储存。五谷和干燥的豆类，一旦混合使用，乃是极佳的蛋白质来源，只要稍加注意，可以长期储存备用，极为方便。

6. 价格低廉。

7. 合乎生态原理。

8. 富于变化。素食的家庭主妇往往发现，利用植物性蛋白质，比利用一般肉类更能烧出色香味俱佳的菜肴，而制作方法也富于变化，更能引起良好的食欲。

素食不仅有利于身体，而且可以提高智慧。《大戴礼记》云：“食肉勇敢而悍，食谷智慧而巧。”这是我国古代典籍中素食可提高智慧的最早说法。但现代的素食理论却很少从这方面立论。近代日本国立公众卫生院平山雄博士发现，素食者嗜欲淡，肉食者嗜欲浓；素食者神志清，肉食者神志浊；素食者脑力敏捷，肉食者神经迟钝……他的这些发现与我国古人的说法不谋而合。

20世纪上半叶以前的医学理论主张，要提高智慧应多食含磷、铁元素的食物。其根据是，大脑皮层细胞缺乏磷会影响脑力，神经缺乏磷会导致信息传达迟钝；铁质缺乏则患贫血，发生头痛、心跳、善忘、体倦等症。现代医学家则说，人的头脑活动力，是由脑细胞内正反两种力量交互作用，在人的大脑中不断冲击，形成通常所谓的“思考”，冲击到最后，总有一方面的作用获得胜利，这就是我们通常说的“决定”。使大脑细胞能够充分发挥这种冲击作用的养分主要为麸酸、维生素B及氧等。食物中以完整谷类、豆类含麸酸和各种维生素B最丰富，肉类则次之，而且含量微不足道。所以，唯有实行素食的人才能获得更为健全的脑力，也才能使思考与判断力提高。

我国佛教界的僧尼一律素食而睿智通达之士辈出，也证明了这一点。

保持生机，完整是福

身、心、灵整体健康

我们要吃有营养的饮食，可是，如果我们把健康仅仅等同于摄取蛋白质等几种营养素，那就是在拿生命冒险。科幻电影把这种危险非常直观地给我们作了描绘。如果营养只是几种营养素的结合，那么科学的手段完全可以经济而实惠地满足人类的生理需求。某个帝国统治的臣民只需要往肚子里灌下一些类似于汽油的液体，就可以获得足够的热量和能量维持长时间的工作。植物、阳光、清澈的河流、新鲜的空气等等我们现在还固执地认为有生机的东西，在这个帝国里不仅是奢侈的、多余的，而且没有存在的依据。那个帝国到处都是阴霾笼罩、死气沉沉的样子。

俗话说，世上有，戏上有。这样的科幻场景不过是我们身处其中的现实的艺术的反映而已。美国营养学家阿德勒·戴维斯女士在所著的《吃的营养科学观》中指出，营养与人的性格、心理以及暴力犯罪、酗酒、吸毒等社会问题都有关系。她认定脾气暴躁、性格忧郁、情绪悲观、智力低下都与营养有关。只要适当改善饮食，就能使人的性格、情绪和智力发生明显的变化，展现出圆融、自信、朝气蓬勃的精神风貌。她认为，美国社会的高犯罪率与美式饮食和美国食品工业

关系极大，美式饮食亟待改革。

可见，有什么的健康观就有什么样的营养观以及相应的饮食结构。佛教主张“万法唯心”，生、老、病、死、忧悲苦恼都系于一心，健康自然也首先是心灵的健康。在这个原则下探讨饮食的发展，也有了一些可喜的成果。近年来，中国台湾佛教界提出了一个“身心灵整体健康”的理念，为新世纪的人们开辟了“素食＋开心＋念佛＝健康幸福”的道路，力图以此引领人们回归身、心、灵的喜悦。

他们引用人智学（anthroposophy）的研究成果，对“人体”作了如下解析：

肉体——矿物质体，属土（希望）

气体——水体，属水（爱）

星芒体——空气体，属空气（信赖）

自我意识体——暖体，属火（意识）

这“四体”说明了平常人的“身”和“心”的构成。“灵”的概念是建立在对佛教“业果法则”的认识上的。他们体会到有些疾病使用现代医学的治疗手段和“自然疗法”都无法治愈，体会到身心从前世到今生的经历，有些疾病来自前世的创伤，唯有通过忏悔、祈求、观想、慈悲心的开发，才能达到治疗的目的。这促使健康概念往上提升，兼具身、心、灵三个层次。

身、心、灵整体健康实践中，“生机饮食”是一个重要载体。这套从美国传来的饮食方式，原本出自针对癌症患者而设计的“自然疗法”。但其中的观念经过不断修正，逐渐本土化，发展出台湾式的生机饮食，被愈来愈多追求健康的人士采用、推广开来，成为趋势、潮流。

“生机饮食”提倡不吃动物性食品，也不吃农药、化肥、添加剂及辐射线等人为因素干扰或污染过的食品，而要吃新鲜、有机、洁净

的食物，追求天然。它的提倡者认为，有机蔬菜有许多优点：维生素C含量比一般蔬菜高许多，水分含量低，吃起来更有味道；没有残留农药的危害；保存时间较久，不易腐烂；有利节约，平时每日吃1斤炒青菜，改用有机生食，1/3斤的量就够了。

生机饮食中最出名的是“精力汤”，又叫“懒人汤”。只要将材料准备妥当，洗洗切切后，果汁机一打，连渣都不必过滤，一杯大自然的恩赐就大功告成。以营养的观点来看，精力汤具有营养均衡、纤维质丰富的优点。它的选料原则，是营养互补、对症下料。以下是常用的精力汤材料：

1. 芽菜类：苜蓿芽、绿豆芽、红豆芽、豌豆芽、萝卜缨等，任选1至3种作为精力汤的酵素与少量糖类来源。

2. 蔬菜类：莴苣、高丽菜、胡萝卜、青椒、地瓜叶等，深色蔬菜任选1至3种作为精力汤的维生素与矿物质及少量糖类来源。

3. 水果类：柑橘、柳橙、苹果、奇异果、菠萝等，任选 1 至 3 种作为精力汤的维生素与矿物质及少量糖类来源。

4. 核果类：南瓜子、松子、核桃、葵花子、杏仁、腰果等，任选一两种作为精力汤的蛋白质与必需脂肪酸及少量糖类来源。

5. 海藻类：海带芽、红海藻、紫菜、海苔等，任选一种作为精力汤的矿物质与微量元素来源。

6. 小麦胚芽、啤酒酵母粉：作为均衡、互补各类食物的基础，富含糖类、蛋白质、必需脂肪酸、维生素与矿物质。

生机饮食所倡导的营养秘诀之一是所谓“三大法宝”：大豆卵磷脂、啤酒酵母粉、小麦胚芽粉。大豆卵磷脂富含胆碱磷脂质、肌醇磷脂质、脑磷脂与亚麻仁油酸。磷脂质对于维持细胞膜的健康、促进细胞的正常功能，使人体细胞对于营养物质的吸收、代谢废物的排泄有很大的帮助。另外，胆碱磷脂质对于脑神经传导物质“乙烯胆碱”的形成，提供了必要的原料，可预防记忆力的退化。卵磷脂本身具有生物乳化剂的功用，可使脂肪顺利运输至肝脏中代谢。一些临床试验结果显示，补充卵磷脂也可预防脂肪肝的发生。

啤酒酵母粉富含 B 族维生素，素食者常缺乏的维生素 B_1、B_2、B_{12}，在啤酒酵母粉中可得到完全的满足。多种酵素与丰富的氨基酸、蛋白质，可帮助消化不良的小孩与年长者获得优质的蛋白质。啤酒酵母中的有机铬，可协助糖尿病患者控制血糖、促进糖类的代谢。啤酒酵母中的有机硒还有抗氧化的功效，可协助增强免疫系统功能，对于癌症患者，在放射线治疗以及化疗期间是一种重要的营养补充品。啤酒酵母粉含有较多的嘌呤，痛风患者于发病期不宜添加，平日则可以少量食用。

小麦胚芽粉萃取自小麦胚芽菁华，含有丰富的维生素 E 与二十八烷醇。维生素 E 是脂溶性抗氧化维生素，对油脂拥有很好的亲合力，因此可减少脂质过氧化的现象发生，进而降低心血管疾病的发生机率。维生素 E 并具有稀释血液黏稠度、增加血管弹性、促进血液循环、预防中风、活化细胞、减缓细胞老化的功能。二十八烷醇则是小麦胚芽中的另一个重要成分，是改善体力、增加耐力、减缓运动后肌肉疼痛的秘密武器。实验证实二十八烷醇可增加运动时的氧气利用，改善肌肉中肝糖的储存与运动的反应能力。小麦胚芽粉对油脂摄取过多者、年长者、易疲劳者、耐力不足者、运动员有帮助。

素食者制作了“三宝粉”，依照个人需求，加入牛奶、酸奶、麦片粥、稀饭、蔬果汁、精力汤中一起混合食用，是一种很好的营养补充品。

食物的摄取

按照印度瑜伽的观念，宇宙间对人产生影响的力量可以分为三类，相应地，食物也分为三种：

惰性食物：所有的肉类、五辛、蛋、洋葱、菇类、芥末、酒类、烟、鸦片、大麻等，以及所有麻醉性药品和陈腐的食物，它们让人粗俗迟钝、怠惰、腐败，最终死亡。

变性食物：咖啡、浓茶、泡菜、海带、可可、巧克力、白萝卜、酱油、可乐、碳酸饮料以及刺激性调味品。它们使人坐立不安，过分好动，很容易兴奋，或者紧张、烦躁、沮丧、恐惧、嫉妒、易怒。

悦性食物：所有谷类如米、麦、面、玉米等及其制品、水果、大多数蔬菜、豆类及豆制品、坚果、温和的香料、绿茶等。悦性的力量是一种灵知灵觉，是一种慈悲、和平、喜悦、纯洁的力量，让人感到欢愉、宁静、清爽、生机勃勃。

为了身体的健康和心灵的平和，瑜伽士主张多吃悦性食物，少吃变性食物，完全不吃惰性食物。

同时，生机饮食也吸收了中医的理论，主张不同体质的人选择不同的食物。体质依人体热量代谢状况分为热证体质和寒证体质。热证体质的人热量过剩，常有口干舌燥、兴奋的症状；寒证体质的人热量不足，常有手足冰冷、畏寒怕冷的症状。相应地，食物也分为寒性食物和热性食物。寒性食物可使人体热量降低，交感神经安定。大多数的蔬菜水果都属于这类的食物，作用较为显著的有西瓜、梨子、柑橙、荸荠等水果。热性食物可使人体热量增加，交感神经兴奋。高热量、高脂肪的食物多属于此类。有些调味食品如咖喱、辣椒、沙爹、葱、姜、蒜，有些干果如桃仁、栗子、大枣，少数水果如荔枝、龙眼，也属此类食物。食物烹调的方式也会影响食物的属性。

生机饮食最重要的特点是均衡、多样化。高剂量的维生素 A、维生素 D，具有极强的毒性，对人体特别是婴幼儿有害；多种微量元素一旦过量，会引起中毒。饮食均衡，可以相互拮抗，分散风险。因此即使有益健康的“偶像食物”，还是不宜过量。这是“饮食均衡”的定律。

此外还有几大烹调原则：首先，要充分洗净，防止污染及病虫害。第二，低温烹调。这样可以使油质稳定，减少致癌物产生。第三，尽量蒸、煮、炖、拌、水炒，不用油来煎、炒、炸，因为油都是不饱和性的，加热会变质，影响健康。第四，少糖、少盐、少油。第五，尽量使用天然的或自制的调味品。

生机饮食可以弄得很好吃，花花绿绿的，很漂亮，吃起来充满原味，是其他佳肴比不上的。

素食→生食→断食

在吃法上，生机饮食有一个路线图：素食→生食→断食。

生机饮食把“生食”奉为圭臬，和一般素食不同。最早奉行生机饮食的人几乎都认为用火罪不可赦，坚信“吃生的”才可以完整地吸收植物的营养素。食物中含有20种氨基酸，其中有8种氨基酸是维持人类生命所需，有两种遇热即被分解。生吃能确保膳食中含高水平的维生素C及B族维生素。维生素C很容易受到加工及烹调的破坏，所以生吃比较好。脂肪类食物熟食脂肪酶降低很多，很不容易消化分解。因此日常饮食的调配，至少要有50%～100%正确的生食，才能重拾健康。

但是生食显然不是健康饮食的铁律。像β胡萝卜素、脂溶性维生素A、D、E、K，会溶在油里，若能加点油煮，可以帮助人体吸收。有些纤维没有经过煮食也不好消化。大蒜的蒜头素等抗癌成分则是在它的组织破坏后，才有利人体吸收。由于有机耕作所使用的有机肥多，土壤感染寄生族群的机会相对而言比较高，生吃要小心！事实上生机饮食团体为了解决寄生虫问题，也对生食内容作了相当的调整。一般人在家自己种菜，倒不失为一个简易而安全的策略。总之，想一想在寒冷的冬天喝一碗胡萝卜汁，真的会让人从头到脚地冷。若能适当地用火也不错，像熬中药。

如何生食呢？精力汤是生食疗法中最完整的营养汤。此外，多吃芽菜及生菜，因发芽过程所产生的酵素及氨基酸比平常蔬菜营养成分多10倍以上。早餐尽量以水果餐或精力汤为主。

断食，分为无水断食与清水断食两种。传统的瑜伽修行者、西方的自然疗法中都曾提倡断食，所以得到现代素食主义者的重视、采用

和推广。

传统的瑜伽观点认为：一个完全健康的人，他自身的免疫系统有能力解决生存所遇到的健康问题。受控式的暂时断食是物种自带的功能，且有助于物种自身的进化。例如，大草原一到旱季植物就凋零，所有动、植物都只能进入断食状态，此后随着雨季的到来，他们的体能很快得以恢复而呈现一派生机盎然的景象。正是从这种自然现象中，人们领悟到生态生存的法则，体验到“断食”所带来的生机，把它运用到养生和修炼上，并给后人带来了不少的启迪。

生机饮食的提倡者深受瑜伽观念的影响，认为断食是生命自我卫护机制。许多发生在人类身上的疾病在萌芽阶段，就被生命防御系统检测到并发出预警信号，人一旦感觉没胃口，就是这种机制正在发挥作用的反应。这时，生命系统的当务之急是歼灭来犯的病原体，或调动其他维护机体的功能，整合、优化身心能量的配置，减少无关的能量消耗，最大限度地为免疫系统等生命维护机制提供充足且优质的能量，尽快杀灭入侵体内的病菌或修复机体损伤组织，促使身体在尽可能短的时间内恢复生理、心理健康。而人体进食后，食物的消化、吸收、转化、贮存皆需消耗大量的能量。这明显违反了生命健康优先处理机制，生命系统当然暂缓执行此程序，这是人类进化过程中与威胁生命生存因素抗争而完善的生命系统自带且是高效的自疗机制。人们应积极响应生命健康法则所选择的方案，这对提高人体的免疫力和卫护心、身健康极为有利。也是被人类社会广泛认同的处理危机的最佳方案。

基于这样的观念，他们认为，许多人肝、肾等问题严重，并非营养不够所致，而是乱吃营养品和药品造成的。断食是一种自然疗法，简言之就是身体的化学休息、生物休息，如同每日睡眠便是身体的物理休息。断食的真正目的是减少热量摄取，使身体中储存的脂肪被动员利用。他们在疾病的早期尚未确认其他并发症时，绝不轻易尝试药品，特别是化学药物，认为化学药物作用于整个人体，而实际需要医治的往往只是身体某个部分的小毛病。为了解决局部而不惜损害整个生命系统功能的方法绝对不是好主意。从长远观点看，这样做还会降低免疫系统的灵敏度，造成抵抗力下降，种下百病丛生的祸根。

从控制心智和食欲方面看，食物在体内经一连串的转换成为精华液（淋巴），精华液不足会导致疾病或心智迟钝；精华液过多会使生殖器官、性腺及控制低等欲望的脉轮被过度刺激，生成过多的性欲，干扰到身体及心智。有计划的断食可使精华液保持适量。其次，在满月、新月的两天通常是大潮的日子，月球、太阳等星体对地球的吸引力较大，会把人体内较多的水分吸到脑部，干扰脑的功能，引起情绪或行为的异常，所以配合新月、满月断食可帮助人们控制心智和情绪。

断食不宜冒进，可采取渐进式断食，先只吃流质食物，再减少餐数，或只喝水，到全不吃不喝。在开始练习断食时，如果会感觉肚子饿、没有体力，表示身上毒素多，可以喝柠檬水或白开水，效果较佳。当身体感觉有燥气时，最好喝柠檬水或水断食。喝完柠檬水后若胃肠不适，可喝些糖水或蜂蜜水调和一下。身体不净时，会有渴、累、酸、体力不济等感觉。胃肠功能不佳时，有饿的感觉。身体健壮时，会有精神好，睡不着觉的现象。身上毒素多时，有舌苔及口臭的现象。

断食过程中应不时刮去有异味的舌苔。断食后，要好好洗澡，将借汗腺排出的毒素洗去再复食。吃早餐前，先吞食些香蕉，它是碱性食物，营养成分高，并具有清除异味、毒素及滑肠的作用。早餐、午餐愈清淡愈好。

断食是为了健康，但是断食的作用不宜夸大，最优先的方法还是正规的医疗方式。同时，在断食期间要时时注意身体的状况，一旦有异常的现象出现，应该立即停止断食，并寻求医师的诊治，以免造成严重的后果，得不偿失。

断食必须在有经验的人的指导下进行，这一点在生病时尤其重要。一般情况下，病人尤其是新陈代谢异常的病人，如糖尿病、肾脏病、痛风等患者千万不要轻易尝试断食疗法。糖尿病患者断食可能造成血糖过低、酮酸中毒等。肾脏病患者断食时，可能会因为身体肌肉组织被分解而产生大量含氮废物，致使肾功能急遽降低，且使血中含氮废物浓度快速上升，造成严重后果。患有痛风的人在断食后，可能会因为身体组织被分解而使血中的尿酸浓度上升，引起痛风的发作。怀孕的妇女及成长中的小孩更不应断食。

生机饮食所带来的启迪是，重新认识食物、了解食物、应用食物，这才是最直接，也是最基本的饮食态度。尽管饮食对于健康的影响重大，其他生活要素如信仰、人际关系等对健康也有重要的影响。一颗乐观、良善的心，也是面对疾病的关键。先有感恩、喜悦的心境、环境，方可调配出健康养生的菜肴。有时全家一起做饭，拉家常，或者利用假日，让全家、亲朋好友、全小区、机关、团体等一起动手，造成更和谐的亲情互动、友情互动，可以做出更多好吃可口的健康养生菜肴。

生机饮食可以看作是台湾佛教界在现代背景下所做的一种饮食探索。它面对古今中外的饮食文化，对人们关心的问题作了深入的回答，成绩颇丰。它是否能够被整个佛教界普遍接受，还有待时间来回答。

施食护生，门迎五福

佛教谈养生，不单单指身体的好坏、生命的长短，中国佛教传统上将养生的要义概括为五福临门：长寿、富贵、康宁、好德、善终。五福合起来才构成幸福美满的人生，一旦分开的话，情形就不妙了。五福当中，最重要的是第四福——好德。生性仁慈，宽厚宁静，这是最好的“福相”。德是福的根本，现在境遇的好坏，都是过去行为的结果。清净慈悲、坚定行善的人，定有完整的五福因缘。

长　寿

佛教认为，寿命长短不是由吃什么饮食决定的。短命是由于违反五戒，积累杀生等恶业所致。反之，常行十种善业则可以获得长命的果报：不亲手杀生、不鼓励他人杀生、不庆幸杀生、不赞叹杀生、救护生灵、放生、无畏布施、体恤病人、惠施饮食、以幡和灯供养佛菩萨。这十种善业又可以归纳为两个善因：一是生因，所谓不杀生等善行。二是养因，所谓施食。这两个善因又最终落实于一颗慈悲心。

提婆菩萨所造的《大丈夫论》卷上说：“一切众生依食而存，大悲亦尔，依施而存。”佛藏中有专门解说布施饮食功德的经文，如《佛说食施获五福报经》《佛说施色力经》等。人若以饭食布施给别人，可以获得命、色、力、安、辩五福，进而得道。布施饮食就是挽救生命、布施生命，能使受施者容光焕发、端正美貌、精力充沛、生活安定，心情平和，头脑清醒，言语通达，能言善辩。有的典籍中还说，布施是得佛三十二相的因缘。布施五福，自己也会获得相应的五福。此外，在修行路上，还可以获得五果：1. 见诸法真如相，得慧命；2. 具足三十二相、八十种好，得常色；3. 得菩萨十力、佛十力；4. 得喜悦，常安乐；5. 说法无碍，辩才具足。

以食物布施佛、法、僧，极少的布施也可以获得极大的果报。《涅槃经》中说，天下有两种供养难得值遇，若有幸供养，既能解除心中疑畏，又能获得正报：一是佛成道时供给饭食，二是佛涅槃时奉施供养。《阿含经》中叙述，有一位城主由于害怕佛在市民心目中的威望遮掩了自己，便规定凡听佛陀说话者罚五百枚金币。后来佛陀带着阿难入城乞食，全城人家都闭门不应，佛只好空钵而返。这时，一户人家的老女仆出门倒馊饭，见佛相好庄严，便觉得这样的神圣的人物本来应该享用天香美味，却自降身价持钵行乞，必定是大悲心慈愍一切众生的缘故。她想供养却没有好东西，非常惭愧，只好把手中的剩饭奉上。佛知道她心灵清净，便欣然接受，露出了笑容，出五色光普照天地，又从眉间摄回。阿难知道佛不无故发笑，便询问其中缘由。佛便告诉他，这位老女仆信佛布施，将来十五劫中在天上人间享受幸福快乐，不堕恶道，然后转为男子身，出家学道，成辟支佛，入无余涅槃。这就是布施三宝的功德的一个例子。

布施饮食是长寿的"养因"，戒杀放生的"生因"，二者不可偏废。慈悲护生，一念之间，可能就改变了轮回。佛典《譬喻经》卷七载，佛在世时，有一位比丘已证道果，得六神通，知道身边八岁的小沙弥只剩七天的寿命了。命小沙弥回家省亲，吩咐他八天以后再回来，目的是要让他死在家里。小沙弥遵从师命，在家度过了八天，又回到了师父身边。比丘很奇怪，入定观察究竟。原来沙弥在回家途中看见蚂蚁巢穴被水浸入，千万只蚂蚁被困，即将淹死。顿发一念慈心，脱下袈裟堵住水流，并以竹作桥救渡，无数生灵幸免于难。由此功德，沙弥转夭折为长寿，活到八十多岁，证罗汉果，永离六道轮回之苦。

护生恳切，自然会进一步放生。放生是大乘精神的体现，盛行于中国大地，也流行于东亚诸国受到大乘佛教影响的地区。放生的经典依据，主要是《梵网菩萨戒经》，其中提到：

> 若佛子以慈心故行放生业，一切男子是我父，一切女人是我母，我生生无不从之受生。……一切地水是我先身，一切火风是我本体，故常行放生，生生受生常住之法，教人放生。若见世人杀畜生时，应方便救护，解其苦难，常教化讲说菩萨戒，救度众生。

放生是从戒杀衍生出来的。戒杀是止恶，是消极的善行，放生才是积极的善行。有人说持斋吃素胜过放生，这是不对的。仅仅吃素而

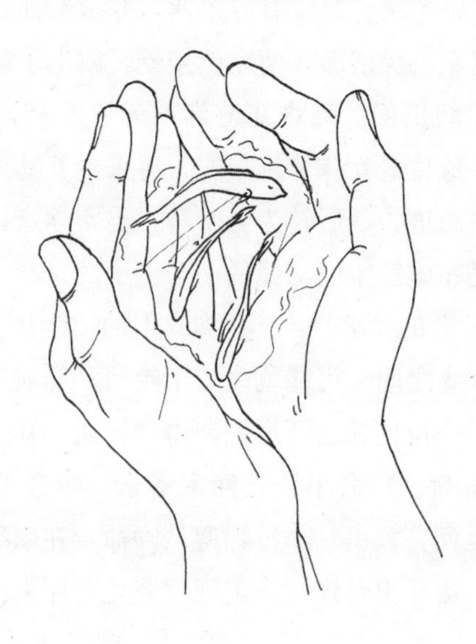

不放生，不能叫作给予快乐、救拔苦难。从“三戒”的角度来说，不吃肉相当于摄律仪戒，放生相当于摄善法戒，教人放生是饶益有情戒，它们的内涵是不一样的。

放生有助于成佛。《普贤行愿品》中说，若能令众生欢喜，则能令一切诸佛欢喜，因为诸佛如来以大悲心为体，因于众生而起大悲心，因大悲心而生菩提心，因菩提心而成等正觉。如来在过去劫中，曾经是流水长者的儿子，他看见池水干涸，上万大小鱼类濒临死亡，上游又被捕鱼者堵死，便向国王请求派来二十只大象，用皮囊盛水运到池中，并为他们说法、念佛，使鱼得以死后生往天上，他自己最后也圆成佛果。由此可知，放生的因缘必能成佛，非其他小善所能比拟。

放生也不能乱放。尤其在现代社会中，自然环境的限制使得放生越来越困难。放生的时候必须要尽到责任，仔细考虑、研究。比如，要放鸟类，就先要顾及有些人工繁殖的鸟不具备在自然中求生的能力，放什么鸟、在那里放、什么时候放才比较安全，都要通盘考虑。放生鱼鳖水族，也要照顾到它们的生态、习性和来源。若是单独放生，可以按放生的相应仪式进行，也可以不举行任何仪式，竭诚念佛持咒。若是集体放生，应当按照放生的仪轨，为生灵说三皈依、讲佛法，愿他们脱离异类之身，转生为人，上升天界，往生净土，发菩提心，早成佛道。并以此功德，回向所有众生。

教人放生要从小事做起。如果看见小孩虐待蜜蜂、小鸟等小动物，应加以劝告或制止，否则会使幼小的心灵增长杀气。

富　贵

富贵是一种社会现象。富指财产丰盈，资金雄厚，贵指社会地位的品级高，家族显赫，名声在外。富贵有相对的，有绝对的。相对的富贵指富甲天下、位列公卿的财势、权势，绝对的富贵则指身心自在清净。前者是有所得的富贵，混杂而短暂；后者则是无所取的乐，纯粹而永恒。

相对的富贵是一种不平衡，一种反差。在现实社会中，平等是不可能的。大至全球，强国与弱国不平衡；小至身边，贫富悬殊也不言而喻。将人与人之间的贫富差别互相比较，造成攀比与竞争，就会形成傲慢与自卑，产生深刻的烦恼。人们不仅攀比人间的享受，而且还要与天比高。佛经上说，天上指甲的价值胜过人间的所有土地，天上一音之美胜过人间帝王的百千种音乐。与天相比，人永远处在贫贱中。这种烦恼，通过竞争和攫取财富是永远无法消除的。所以，贪求富贵，不如随遇而安，知足常乐。佛教谈论富贵，主要是阐明富贵的根本原因和助缘，教人种下正因，而不是一味贪求富贵的果报和享受。

佛教认为，施舍财物是富贵的正因，拼命工作只是导致富贵的助缘。假如过去没有布施，今生无论如何努力也无法积聚庞大的财富。有些商人不仅卖力赚钱，而且节俭到舍不得住旅馆而睡在自己的货车里，到头来却还是负债累累，贫无立锥之地。这不是“时也”、“运也”，恐怕是“命也”，即没有种下财富的正因，不懂得因果的道理。

迦叶佛时，有兄弟二人出家求道。一人持戒、诵经、坐禅，一人大修布施。至释迦佛出世，一人生长者家，一人作大白象。长者子出家学道，得六神通，成阿罗汉，却因为福薄，乞食难得。一天来到白象厩中，见国王供此象，饮食丰盛，难以称述。于是感叹：我和你都有罪过。象即感慨系之，三日不食。可见，因缘不同，即使值佛处世，还是不能免于饥渴。

《杂宝藏经》叙及波斯利王的女儿善光公主，相貌端正，聪明伶俐，人见人爱。波斯利王以为是自己的福荫泽及女儿，公主却坚持是自己的善业导致了幸福的生活。波斯利王很生气，把她下嫁给一个穷人，让她反省。善光公主并不灰心。她和丈夫来到祖宅，整理庭院。没想到他们在地下挖出了大批的宝藏，一夜之间变成了大富之家，一个月以后，庄严华丽的楼阁也盖好了。波斯利王听到消息，万分惊讶，赶忙去请教佛陀。佛陀告诉他，过去迦叶佛时，有一位妇女想用美食供佛，心意坚决，丈夫在劝阻一番后，只好勉强同意。这对夫妇就是现在的善光夫妇。丈夫因为曾经阻挠妻子的善念，所以常受贫困之苦，又因为他最终答应布施，因而也享受到了富贵。波斯利王听了，感触颇深，后来更加注意自己的修行。

布施不仅可以获得将来的富贵，也可以获得现世的果报。佛在王舍城时，有一个穷人见大臣供佛及僧，自己也想供养。于是出卖苦力，每天吃一顿饭，并留下一部分钱积攒起来。主人受到感染，加倍付给工钱，使其提前完成夙愿。佛接受供养后，为他演说种种妙法，即于坐上远尘离垢，得法眼净。这时有五百商人从外国来，由于路途遥远，已经绝粮三日。城中人指点他们去僧坊，到那个穷人那里讨吃喝。商人们饱餐之后，询问旁人：此人有何德何能，兴办了这么隆重的布施盛会？得知详情后感叹不已，立即敛来百千金银，用以酬谢、表示敬意。商人们又在城中寻访原来的老师，得知老师已死，只剩老师的后裔，即那位施主还在。于是又赠送了无数金钱，以敦旧情。城中的大臣、居士听了这个佳话，欢喜不尽，又馈送了大量金银以结新好。瓶沙王也把他拜为大臣。一日之中，蔚然富贵，国人号为“忽起长者”。

总之，要改变贫穷，要获得富贵，应当以恭敬心行布施。布施是要落实于心的，饮食等物非布施。以饮食等物与时，心中生起舍法，没有悭吝之心，这才叫布施。布施有二种：净布施和不净布施。不净布施只是施物而已，或者因为畏惧丧失财物而施，或恶言诃骂而施与，或为舍弃无用之物而施舍，或为亲爱、求势、死急、求名誉、妒嫉、骄慢、咒愿、求吉除凶、不一心、不恭敬、轻贱受者而布施，如此等等因缘，为不净布施。反之，以清净心助成涅槃法，则是清净布施。

清净布施不在乎财物的多少，即使不布施财物，能够随喜福德，也可以获得殊胜的果报。《佛说长者施报经》中说，过去世时有长者婆罗门，名弥罗摩，行大施会，以八万金盘满盛金屑、八万银盘满盛银屑、八万金盘满盛银屑、八万银盘满盛金屑、八万铜盘满盛种种珍馐，八万乳牛、八万童女，上妙衣服、真珠、璎珞等种种庄严饰品，八万金床、银床、象牙床、木床、八万辇舆车乘等等而行布施。佛说，弥罗摩如此行施，不如有人以其饮食施一正见人。施一正见人不如施百正见人，施百正见人不如施一须陀洹，施一须陀洹不如施百须陀洹。施百须陀洹不如施一阿那含，施一阿那含不如施百阿那含，施百阿那含不如施一阿罗汉，施一阿罗汉不如施百阿罗汉。施百阿罗汉不如施一缘觉，施一缘觉不如施百缘觉，施百缘觉不如施如来。施如来不如施佛及随佛的僧团。施佛及僧众不如施四方一切持钵僧。施四方一切持钵僧食不如施四方一切僧园林。施四方一切僧园林不如施四方一切僧精舍。施四方一切僧精舍不如尽形志心归依佛、法、僧。尽形志心归依不如尽形持五戒。尽形持五戒又不如于十方世界遍一切处行大慈心饶益众生。可见，慈悲心、菩提心是最为重要的。

小乘布施的目的，在破除个人吝啬与贪心，以免除未来世之贫困，大乘则与大慈大悲之教义联结，用于超度众生。大乘时代以财布施加上法施、无畏施，扩大了布施的意义，亦即指施与他人以财物、体力、智慧等，为他人造福、启迪智慧而累积功德，达到解脱的一种修行方法。若有人发佛心布施众生，最初以饮食布施。施心转增，能以身体布施。先以纸墨、经书及以衣服、饮食等供养法师，后得法身，能为无量众生说种种法，行财布施、无畏布施、法布施。

财布施以美食为首，无畏布施以正见护生为首，法布施以般若波罗蜜为首。三种布施适应不同的众生需求，随机而施。但要总论功德，则法布施是其他两种布施无法比拟的。佛经中说，即使全天下的人都发心成佛，终生布施，回向阿耨多罗三藐三菩提，这样的福德还比不上菩萨专念般若波罗蜜一日之行。为什么呢？行般若波罗蜜的慈悲心、菩提心之广大，是任何心思都无法比拟的，除诸佛外，菩萨的心量无人可及。菩萨行般若波罗蜜，所入甚深，悉知世间一切苦楚，其心广大悲悯，其眼彻视，见不可及，救度众生从不懈怠，念于一切人而不作想。般若即是菩萨的大明灯、大智慧，出于世间之上。菩萨行般若，远离一切恐怖，因而无所畏惧，即使被虎狼啖食，也不忘行布施波罗蜜，毫无嗔恚、畏惧。

菩萨之法，虽住六种波罗蜜多，而以布施波罗蜜多常为上首。要证无上正等菩提，应修布施波罗蜜多。日初、日中、日暮时分，以种种上妙饮食，供养十方三世一切有情、佛菩萨，夜中同样如此。这样布施，常无间断，回向一切种智。只有回向一切种智，才叫布施波罗蜜多。布施波罗蜜多，谓布施时不作分别，随多随少，发广大心，普缘有情，总施一切，不同于一般的布施。

菩萨行布施波罗蜜多，见诸有情受用段食，有大小便、脓血，臭秽不堪，于是不顾身体、生命，精进修行六种波罗蜜多，成熟有情，严净佛土，令速圆满疾证无上正等菩提，受用妙法喜食，身体香洁，无有便秽。菩萨见恶道众生被饥火所逼，互相残害，起慈愍心，舍身忘死，自割身肉、肢节，散掷十方，任其恣意食啖。诸傍生类得此菩萨身肉食后，对菩萨生起爱敬、惭愧之心，由此因缘，脱离恶趣，得生天上或人中，值佛出世，闻说正法，如理修行，渐依三乘而得度脱。有的菩萨以神通、愿力营办百味妙食，供养诸佛、独觉、声闻及菩萨众回向所有有情，严净佛土，令佛土中有缘众生都能享用如此百味饮食，资悦身心，而无染著。

总之，菩萨法就是常与众生种种利益，所以能够富贵如同王侯。求富贵者应学菩萨，克服凡人常有的吝啬、贪心，清除各种心病，和气生财。同时可以通过观想等方法，大力拓展自己的慈悲心。首先观想自己的亲人受苦的样子，再观想自己如何布施、救助。接着逐步扩大，观想一群人、一国人、天下人、所有生命受苦、救助、欢乐的样子。这样，慈悲心扩展了，吝啬心消除了，富贵也就有望了。

康宁

疾病丛生、身无康宁的生活，是极其不幸的。那么，疾病的原因是什么呢？佛教认为，病由业起，业由心造，这是万病之源。

常有人说："昨晚没盖被子，感冒了。"其实，没盖被子只是感冒的缘或导火线，不是真正的原因。现代人喜欢用"细菌传染"来解释一切疾病，也是不全面的，如胃病、血癌、糖尿病等机能性疾病就不能用细菌来解释。行医 55 年的毕勒（Bieler）博士在所著《食物是你最好的医药》（*Food is Your Best Medicine*）一书中说，一切疾病的根本原因不是细菌，而是血液中的毒素。它造成细胞组织破坏后，才引起细菌的侵袭。他把疾病归结于错误的饮食，特别提倡天然食物。但是，错误的饮食也不能解释所有疾病的起因。为什么每天吃同样饮食的人们却生了不同的疾病呢？

现代医学把疾病作了如下划分：

- 疾病
  - 身体性疾病
    - 传染性疾病：由感染细菌和病毒而引起
    - 机能性疾病：因为生理机能的衰退和障碍而引起
    - 心因性疾病：由纯粹的心理因素造成
  - 心理性疾病
    - 神经病：包括妄想症、狂郁病、精神分裂症等
    - 精神病：包括机体性精神病和机能性精神病

传染性疾病，西医一般用抗生素来治疗。中医用药物将身体调到最好的状态，产生抗体，或者用汗法、吐法、泻法等，把细菌逐出体外。机能性疾病，一般用天然食物或药石来治疗、补充所需营养或维生素，同时进行运动，松弛身心。心因性疾病，用心理方法治疗。

佛教不采取这些说法。《维摩经》说："从痴有爱，则我病生。"这是佛教的哲理观，也反映了它的病理观。众生有痴故有爱，有爱故受身，受身则生病。痴爱是染病之源，源尽病除。

《大智度论》说，生病有外缘（外部条件）和内缘（内部条件）。外缘如寒热、摔伤、碰伤、细菌感染、饮食传染、接触传染、食物原因、滥服药物、环境污染等。内缘包括暴饮暴食、纵欲贪爱、生活方式不当、坐禅方法不对、操劳过度、烦闷、紧张恐惧、焦虑、无知、心理不平衡、内心冲突、幻觉、悲喜过度、思虑过多等。

在内、外因的基础上，佛教认为，疾病主要是由于贪著"五尘"而引发的：沉迷色境的人多半会生肝病；贪乐声音的人多半会生肾病；爱恋香气的人多半会生肺病；追求口味的人多半会生心病；眷恋触觉的人多半会生脾病。只有当一个人的心地纯净到一尘不染时，才能没有病痛。否则，起心动念都在攀援五尘，制造罪业、病因。我国古老的医书《黄帝内经》说，淡泊欲望、宁静心神，四肢勤劳而不疲倦，生理机能就会顺畅，身心安泰，疾病又如何能够入侵呢？

佛教对疾病的划分是：

疾病
- 因中实病：凡夫业报所感
  - 身病：身体内外不适
  - 心病：八万四千烦恼
- 果中权病：佛菩萨方便示现

身病表现为四大增损和五脏不调。

四大增损导致的病是：地大增者，肿结沉重，身体枯瘠等一百零一种病生；水大增者，痰涌胀满，腹痛下痢等一百零一种病生；火大增者，煎寒壮热，肢节皆痛等一百零一种病生；风大增者，虚悬颤抖，呕逆气急等一百零一种病生。

五脏所生的病：心主口，从心生病，身体寒热，头痛口燥；肾主耳，从肾生病，咽喉噎塞，腹胀耳聋；肺主鼻，从肺生病，身体胀满，四肢烦痛，心闷鼻塞；肝主眼，从肝生病，多无喜心，忧思嗔恚，头痛眼昏；脾主舌，从脾生病，身面游风，饮食无味。

佛教认为"凡病皆缘因果"，有十种业获报多病：1. 自坏有情。2. 劝他令坏。3. 随喜损害。4. 赞叹损坏。5. 不孝父母。6. 多结宿冤。7. 毒心行药。8. 悭吝饮食。9. 轻慢圣贤。10. 毁谤师法。此外，杀生、喜欢鞭杖拷掠、闭系刑罚一切众生、恼乱别人，也是致病之业。《大方广总持经》说，以恶眼看发菩提心的人，得无眼的报应；以恶口毁谤发菩提心的人，得无舌的报应。《摩诃止观辅行诀》说，杀生引发肝病和眼病；偷盗引发肺部和鼻子的病；邪淫引发肾脏和耳朵的病；妄语引发脾脏和舌头的病；饮酒引发心脏和嘴巴的病。有时，精严持戒也会引发罪业而生病。不过，这不是积累罪业，而是消灭罪业，使罪业提前报销、减轻，本应在地狱受的罪改在人间轻病偿还，是好事情。

对症下药，佛教的治病方法也与一般的医学不同。心病的八万四千烦恼，可以归结为贪、嗔、痴三种烦恼，又可以最终归结为"痴"，即无明，不通事理。最根本的办法，是通过"观心"来治疗。即直观

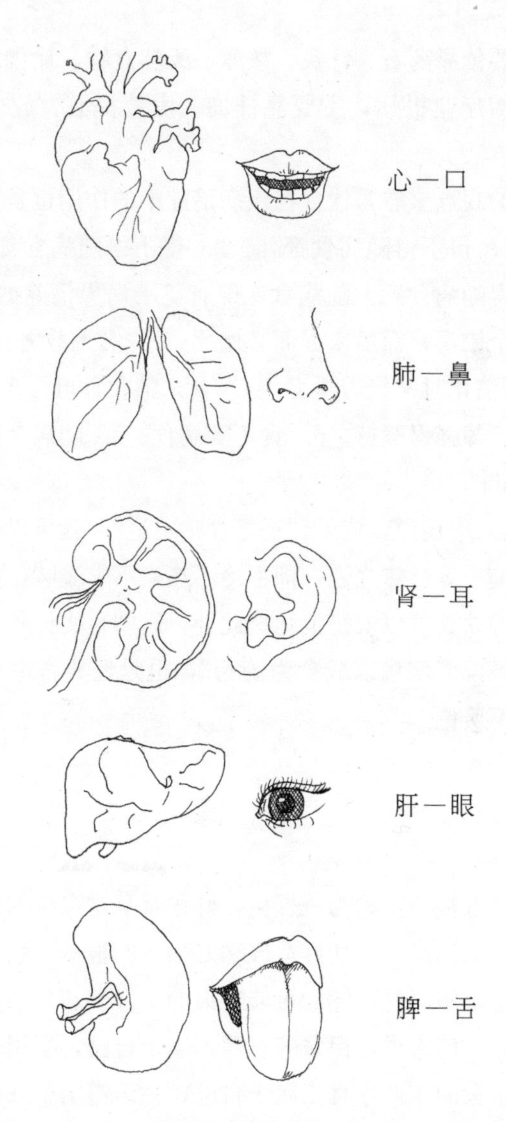

心性，内外推究，明了没有受苦和生病的主体。入手之时，可以用“不净观”来治疗贪欲，用“慈悲观”来平息嗔恨，用“因缘观”来破除愚痴，用“数息观”来治疗散乱；用“念佛观”来消除业障。治疗身病，主要依靠药石、针灸、按摩、天然食物、瑜伽术和太极拳等养生方法。治疗业报病，主要靠忏悔、发菩提心、放生、念佛、拜佛、诵经等方法。

从佛教的观点来看，饮食在疾病治疗中的作用也是很重要的。佛说三种病：1. 得不得随病食都死。2. 得不得随病食都活。3. 得随病食活，不得随病食死。随病食，即有益于病患消除的食物。又说，病人若犯九个错误，命虽未尽而必横死：1. 贪无益之食。2. 食不知量。3. 食未消化时又接着进食。4. 食未消化而吐。5. 已消化的食物应当排泄，却强忍坚持。6. 食不随病食。7. 随病食而不知量。8. 懈怠。9. 愚昧。

《阿含经》中还说，成就“平等食味之道”，就可以少患疾病，或不生病。所谓平等食味之道，即不冷不热，不求美味，心无分别。这样，所摄取的饮食可以安稳消化。此外，唐朝百丈禅师《二十条丛林要则》第四条说“疾病以减食为汤药”，也是经典言论。由于前文有所述及，此不赘论。

好　德

如果把“五福”比喻为一棵树，好德就是这棵树的树根。它是一切幸福和快乐的源泉，一切好运气和好福气的根本。我们的身体、生命、财产都是不坚固的、随时可能毁灭的，好德却是稳固的，成为我们永远的依靠。诗人说，保藏的东西不属于自己，享用的东西不属于自己，只有施舍的东西才真正属于自己，一语道出了好德的内涵。

佛教从养生的角度主张，不近五欲，才是真德。

五欲，指可人的美色、悦耳的音乐、诱人的气息、迷人的美味和柔软舒适的触觉感受。《大智度论》上说，一切凡夫常被五欲所苦恼，不能自拔。人们贪求五欲，就像狗啃骨头，其实无论怎么啃都只有一种味道，却翻去复来，乐此不疲！又如小孩舔刀上的蜜，得到的快乐很少，万一割着舌头，损失却非同寻常。对于修道人而言，五欲使人失去定力、神通和智慧，陷入三恶道。

《摩诃僧衹律》中说，过去有一个猎象师，家贫多子。为了生计，到雪山边打猎。有一只六牙白象，心地慈悲。当他得知猎人的来意后，便说："你若能从此放弃打猎，我可以满足你的愿望。"于是将珍藏的祖父象牙拿出来，赠送给他。猎师便担着象牙，到一个酒家，因为贪杯，迅速被酒店老板灌醉，稀里糊涂地签下契约，被赚走了象牙。醒后索酒，竟然连一点余钱都没有了。为了钱财，为了向妻儿有所交待，他又进山，决意把钱赚回来。那象再次规劝他不要放逸，不要再来打猎。他假意应承，大象又把父辈的牙给他。猎师再次沽酒，瞬间把钱挥霍精光，厚颜无耻地又打起了大象的主意。时值春后大热，那象入池洗浴完毕，在树下息凉，猎师便以毒箭射中其眉间，血流入眼。象便举头看箭的来处，发现了猎人，于是严加训斥："你这个恶人！反复无常。我现在虽然有力气杀你，但因为恭敬袈裟，留你一条性命！来把我的牙拿去吧，你要迷途知返！"一边说，一边用身体护住猎人，不让其他象来加害。这个猎人就是身陷五欲的典型，它能够享受什么五福呢？

不受五欲，才可以做到身心清净。身心清净，才能够发出真正的慈悲。因为慈悲心的培养不在于针对的对象，而是要落实于"心"。如果不落实于心，必然会舍小取大，或舍大取小，舍易取难，或舍难取易，不见其根，舍本逐末，必然陷入残杀，仁民爱物的理想最终会陷于空谈。春秋时期的郑国大夫公孙侨，字子产。他宅心仁厚，体恤百姓。当时列国横征侵扰，郑国能够保持内政稳定，民生安乐，首赖子产辅政有功。每当有人送鱼给子产，他从不忍心为了享受口福，而使活生生的鱼受烹煮煎熬之苦，总是命人把鱼蓄在池塘里。眼见鱼儿优游其中，他都心情舒畅，感慨系之："得其所哉，得其所哉！"

不分对象的大小而一视同仁就可做到进退自如：若隐居一乡，则可以身率物，移风易俗；若身居高位，便可谋求天下太平，大庇群生。我国古代有一句名言，"勿以善小而不为，勿以恶小而为之"，说的便是这个意思。心无分别而布施，久而久之，便可以体会到佛教所谓"同体大悲"。佛教的好生之德不止谋求人类的和平，而是不使三千大千世界一切众生证悟无生法忍绝不罢休！若不体会无生的道理，又怎么能够真正实践好生之德呢？

有人会说，现实生活中经常看到的是有好德无好报，所以，所谓的好德只是一种说教，其实是骗人的东西。但是，我们经常说的好德有好报、无好报都太笼统了。佛教所说的业报是非常具体的。有的人有智慧的好德，却没有种下富贵的种子，所以从贫富的角度来看是没有好报的。有的人有富贵的因缘，却因为前世杀生等业力而寿命短促，如此等等，不一而足。世间的好德，或损人损己，或损人利己，或不损人、不利己，或不损人、只利己，或利己利人，都不完善，它的果报自然也不完美，总会留下这样那样的缺陷、遗憾。但我们不能因此而一味颟顸，一叶障目而不见森林，否定好德、恶德的因果。佛教中说佛陀是完美的，从事相上说，他的完美是三大阿僧祇劫的好德修炼的结晶，这样的出世间的好德，才是没有缺陷的。

佛经中经常用一些带有传奇色彩的故事来说明一个道理。佛陀是一个清净的人，炉火纯青，百毒不侵。《增壹阿含经》中说，佛在罗阅城迦兰陀竹园时，一位名叫尸利掘的富翁受了外道的怂恿，在屋中布置了隐蔽的大火坑，把床座安在火坑上，又在饭食中下毒，请佛陀及僧团赴斋。若佛来了，证明他没有"一切智"，若来了，就加以陷害。佛知道他的心思，默然受请。全城人都知道尸利掘的司马昭之心，都来面见如来，力加阻拦，佛不为所动。时间到了，便与僧众前后围绕，来到富翁的家。他刚刚举足迈在门槛上，火坑自然就化成了浴池，极为清凉，各种香花散满其中。其中有一些莲花，大如车轮，七宝为茎，蜜蜂王游戏其中。居士们见到如此变化，都欢喜踊跃，不能自胜。聚集在富翁家的外道见了，却愁眉苦脸。这时，佛陀履虚空而行，离地四寸，举足之处，便生莲花，大如车轮。僧众都踏着这些莲花，进入尸利掘的家。世尊就座时说："我过去曾供养恒沙诸佛，承事、礼敬，至为诚挚，由此因缘，我所坐的地方，都无比牢固。"与僧众皆悉就座，座下都生莲花，极为芬香。此时，尸利掘见识了如来不可思议的变化，方才醒悟到被外道误导了，懊悔不已，如饮杂毒，于是再三忏悔。阿阇世王听说尸利掘要毒害如来，嗔恚炽盛，悲泣涕零，率军乘雪山大象，赶到尸利掘家，见莲花大如车轮，立即欢喜踊跃，不能自禁。尸利掘长者要更换食物，佛陀加以制止，从容吃了杂毒之食。饭后讲说微妙佛法，众人即于座上，扫尽尘垢，得法眼净。

善　终

善终是人生最后的福分，也是最重要的福分。

有些人厌弃生命，常常希望"一死了之"，"死了死了，一了百了"，却不知道死亡的痛苦，不知道死亡并不能够解决所有的问题，不知道善终的重要性。善终很难，佛经上说，人死的时候就像乌龟脱壳一样痛苦不堪。一般人死时都会痛苦彷徨，惶恐失措，手忙脚乱，六神无主，急得像热锅上的蚂蚁，脸部抽搐，瞳孔放大，呼吸急促，情形之凄惨、无助，简直难以形容。亲眼看见临终挣扎的惨状的人，往往凄凄戚戚，感觉这一生别无所求，只要得个善终就好了。

这还只是一般人的死亡，假如一个人不是寿终正寝，而是死于飞来横祸、癌症、饥渴、火焚、水溺，便可能含恨在心，难以往生到好的地方。佛经中说，遭遇横死的人，身体会受到极大的痛楚，心中忧怨交加，愤恨不平，怨天尤人，很难提起善念，平时的功德修养也会被破坏无遗，这样，他死后多生多劫也难得安宁。

即使长命百岁、事业有成、大富大贵的人也不一定就死得安详。古今中外的杰出人物中，死得不堪入目的人比比皆是。如举世闻名的生物学家达尔文晚年患了严重的神经衰弱症，驰名世界的文学家海明威、川端康成、三岛由纪夫，画家梵高，影星罗蒂等都是自杀身亡。有些从政、从军的人下场更为可怕。他们遭遇下毒，或被五马分尸、凌迟处死，或被死后鞭尸，株连九族，真是魂飞魄散，笔墨难以形容。

死后堕入畜生、地狱等三恶道，那才是苦不堪言。《梁皇宝忏》中叙述，梁武帝一次夜卧不宁，起身乘凉。须臾之间听到殿下啐啐之声，举眼一看，只见一条蟒蛇直奔而来。蟒蛇口作人言，自称是武帝以前的皇后郗氏，因为心无信仰，造业深重，死后堕为蟒蛇。遍身鳞甲，负担沉重，无数毒虫吸血嗤咬，片刻不得休息，却无处藏身。肚中饥饿，实在难以忍受。万般无奈，只好前来投奔，请求施恩救拔。梁武帝有感于此，投拜志公和尚。志公告诉他，郗氏娘娘不信佛法，只说人间便是天堂，倚福受福，不信因果，不惧怕罪业报应。从不修善，嫉妒六宫，广造无边恶业，所以死后失去人身，成为蟒蛇。梁武帝又按志公所教，虔诚发心，合宫斋戒，大兴供养，延请五百高僧，启建道场，称扬佛法，检寻藏典，礼忏诵经，求哀忏悔，使郗氏出离苦海，超升天界。

为了解脱死亡的痛苦，人们应该追求善终。佛教所说的善终有很多，如《十二品生死经》中就列举了十二种之多，为简要起见，现仅就三个方面来说：

1. 小善终，没有遭遇意外祸事，无疾而终。

2. 中善终，身体没有痛苦，心中也没有怨气和内疚，上无愧于天，下无怍于地，安然而逝。

3. 大善终，预先知道临终的时间，身心了无挂碍，洒脱而去，亲眼见到弥陀等诸佛菩萨鼓乐相迎，往生到佛菩萨的净土，永离忧悲苦恼，享受无边快乐。

死亡太痛苦，所以佛经中教人发愿：

愿我临终无障碍，弥陀圣众远相迎，
速离五浊生净土，回入娑婆度有情。

佛教认为时间无始无终，空间无边无际，佛土无穷无尽，每一佛土中都有一位佛在那里教化众生。极乐世界即是这无穷无尽世界中的一个。《阿弥陀经》说，极乐世界距离人们居住的“娑婆世界”有“十万亿佛土”之遥。在这个极乐世界中，无量功德庄严，国中罗汉、菩萨无数，讲堂、精舍、宫殿、楼观、宝树、宝池等均以七宝庄严，微妙严净，百味饮食随意而至，自然演出万种伎乐，都是法音。其国人士智慧高明，相貌端严，但受诸乐，无有痛苦，都能趋向佛之正道。《阿弥陀经》说，若有善男子善女人闻说阿弥陀佛，执持名号，从一日乃至七日能够一心不乱，此人临命终时心不颠倒，即得往生西方极乐世界。《药师如来本愿功德经》等所说的东方药师佛居住教化的琉璃世界，也是佛教徒所向往的理想国土。那里的地面由琉璃构成，连药师佛的身躯，也如同琉璃一样内外光洁，所以称琉璃世界。佛经上说此世界和西方极乐世界一样，具有说不尽的庄严美妙；那里没有男女性别上的差异，没有五欲的过患；琉璃为地，金绳界道；城垣、宫殿都是七宝所成。人们只要在生前持诵《药师经》，称念药师佛名号，并广修众善，死后即可往生琉璃世界。

甘露之味，解脱是福

五福仅仅是世间福报，并不究竟。要彻底解脱痛苦，不再轮回，还需要按照佛教的方法进修戒、定、慧，证得无生法忍，这样才能真正品尝到佛法的甘露之味，解脱之浆。佛道修行的纲要为戒定慧三学，持戒清净始可得禅定寂静，禅定寂静始能得真智开发。三学的修行，与饮食是紧密相关的。如大智律师《慈慧梵行法门偈》云：

> 酒肉与淫欲，三者不相离。
> 若人啖酒肉，色力既充盛，
> 必思行淫欲。若人荒淫欲，
> 血气既枯燥，必思啖酒肉。
> 若人断酒肉，自然离淫欲。
> 若人离淫欲，自然忘酒肉。
> 能除此三事，一切戒具足。
> 若不断此三，长囚三有狱，
> 谈禅与说教，悉是谤佛法。

戒

佛教所说的戒，意指行为、习惯、性格、道德、虔敬。广义而言，凡善恶习惯都可以称为戒，但在通常的用法中，一般限指净戒、善戒，特指为出家及在家信徒制定的防非止恶的戒规。小乘佛教制定了五戒、八戒、十戒、具足戒，略称为“五八十具”。大乘佛教另制有菩萨戒。大小乘戒合称为二戒。戒是实践佛道的基础，与定学、慧学共称三学。大乘佛教举之为六波罗蜜、十波罗蜜之一，而称为戒波罗蜜。

戒所针对的行为，如果本质上是罪恶的，如杀生、偷盗，称为性罪，该戒也称为性戒；反之，若本质并非罪恶，却容易引起世人诽谤，或诱发其他性罪，如作贩卖、轻秤小斗欺诳于人等，这种戒称为遮戒，或息世讥嫌戒。

广义的戒律，包含一切正行。但依狭义说，重在不杀、不盗、不淫、不妄语等善，被称为四重禁戒，是性戒中关于特别重的罪业的戒条。如果明知对方确实是众生，却发心杀害，夺其性命，采取了具体的行动，得杀生罪。为了逞一时之快而杀生，得杀罪。教唆别人杀生，得杀罪。如束缚、关闭、鞭打等是助杀法，也有罪。但精神失常，陷于狂痴，由此杀生，不得杀罪。夜中看不清人，误以为是树桩而杀者，不得杀罪。

自己杀死自己是否有杀罪呢？“不杀生”为五戒之首，含有禁止自杀之意。佛陀弟子中，偶有自杀或计划自杀者。如比丘尼狮子历七年修行，仍未能治其贪欲心，愧愤自身愚痴，遂萌自杀之意。然而他在森林中投缳之际，顿然开悟。比丘萨婆得萨也有类似经历。跋伽利也在山崖边迈足将纵之际，突然开悟。但后来罹患重病，执刀自杀。比丘瞿低迦曾六度开悟，六度退转。于第七度开悟后，因恐第七度退转，遂行自杀。像这样已入超越生死之境，心中不再残留任何妄念的人，佛陀听任其自杀，一般的自杀则不允许。大乘佛教阐扬尊重生命的教理。《大智度论》谓，无论如何勤修福德，若未遵守不杀之戒，都将失去意义。《梵网经》说，自杀亦无异杀父、杀母。然而在我国、日本，仍有为求往生净土而自杀的事例。一般而言，佛教虽视人生为苦、空、无常，然反对任何戕害生命的做法，佛教徒应在有生之年尽量求得善终，往生净土。

不作杀生等罪，名为戒。一个人如果愿意受戒，心中想、口中说“我从今以后不再杀生”，或者身不动、口不言，只在心中发誓，都相应于不杀生戒。佛说有五大布施，不杀生是最大的布施，不偷盗、不邪淫、不妄语、不饮酒也是布施。佛又说杀生有十种罪：1. 心怀毒怨，世世不绝。2. 众生憎恶，眼不喜见。3. 常怀恶念，思惟恶事。4. 众生畏之如蛇虎。5. 睡时恐怖，醒后也忐忑不安。6. 常有噩梦。7. 种短命业因缘。8. 不得善终。9. 死后堕地狱中。10. 出地狱后，如果生在人中，仍然短命。

不杀生所得的利益，主要是安乐、轻松、无所畏怖。我无心伤害他，他也不会加害于我，所以无怖无畏。好杀之人即使位极人王，也是感觉岌岌可危，不如持戒之人，即使单行独游，也无所畏难。好杀之人，凡有生命者都不喜见，若不好杀，一切众生都乐于依附。杀生之人，今世后世受种种身心苦痛，不杀之人没有这些灾难，这也算是得了大利。持戒之人，命终时心安理得，无疑无悔，不管生在天上、人间，都可以长寿，直至成佛，寿命无量，这是重要的得道因缘。总之，各种罪中，杀罪最重，所有功德，不杀第一，无量无边。

戒是出生一切功德善法的根本。从浅处说，佛教的戒学，是人伦道德的规则，人之为人的准绳。往深处讲，戒是成佛的由路。戒行是五乘教法——人、天、声闻、缘觉、菩萨——所共同遵循的。世间三福行布施、持戒、修定中，戒福行最为主要。如果无戒，人天之身尚不能得，何况人天福乐？出世间的三增上学增上戒学、增上心学、增上慧学中，戒学列于首位，无戒则解脱之乐无由成就。菩萨无戒，也不足以完成上求下化的悲愿。可以说，任何佛法的行门与果证，无不以戒为主要条件之一。根机愈钝、功行愈浅，就愈见其重要。《涅槃经》中将戒喻如渡海浮囊，从准备渡海时起，一直到达彼岸，是不可须臾舍离的。他人乞索什么东西，都可以布施给他，唯独乞此浮囊乃至如针孔般大也不能允许。要断烦恼、了生死、成佛，全凭戒行清净。如果戒行毁缺，就如浮囊在大海中走了气，顿时失掉凭借，有丧失生命的危险！所以，泛言一戒，实可贯通一切。

定

比丘持戒精严，则内无所著，其心安乐，食不贪味，知足而止，以养其身。这样就可以一心修行，勇猛精进。无论白天黑夜，行住坐卧，都能做到一心一意，消除五盖。每当念头生起来时，心都能系在明处，没有错乱。这时，若以四念处等禅法观身、受、心、法，调伏悭贪及各种世间忧恼，精进不懈，便容易获得禅修成就。

因禅定为佛教的主要修行方法，《大乘理趣六波罗蜜多经》卷八说：

静虑能生智，定复从智生。
佛果大菩提，定慧为根本。

在六道轮回中，禅定是众生最为真挚的亲友。人生非常脆弱，若不修行禅定，必然常常被贪心牵引，被欲火焚烧，不得长久。舍弃禅定，心思常常陷于散乱，就会造下各种恶业，死后往往堕入三恶道。散乱的心思常常生起妄念，犹如万花筒，使人眼花缭乱，茫然失措，这种情形，只有禅定和智慧能够治疗。否则，人就会像遭遇一群劫贼一样，性命难保。世间一切法包括身体，都要经历成、住、坏、空，最终都会舍离众生而远去。临终之时，父母至亲也不能挽救，何况其余的眷属、朋友。这个时候，唯有禅定能够保护，使人不致堕入恶道。唯有禅定能够伴随左右，使人心灵纯净。供养、读经、诵佛号、持咒、布施、持戒、忍辱、般若等等修行方法，都与禅定的修习分不开。没有禅定，这些修行方法就像杂有毒物的饮食一样不可食用。唯有精勤修定，才能打开甘露之门。智者乐修禅定，必能到达涅槃城。

禅定是安心的法门，具体的修法很多。佛经中描写的比丘生活与禅紧密相关：乞食回来，洗足，安置衣钵，结跏趺坐，直身正意，进修禅定。系念在前，断除悭贪、嗔恚，清净慈愍。除去睡眠，系想在明，除断掉悔、惭愧、狐疑，心一向在于善法，解脱安稳。由此而得欢喜、安乐。修禅从五盖中解脱，犹如人还清债务、久病痊愈、从牢狱中释放出来，无所畏惧，有觉有观，有喜有乐，得入初禅。这种喜乐润渍全部身心，遍满盈溢，无不周遍，无有空处。由此定境更进一步，无觉无观，心定喜乐，入第二禅。这种喜乐犹如山顶泉源出水，不从东西南北、上下左右出来，就从这个池涌出，滋润四方，不留空隙。由二禅进修，舍离喜心，住于乐中，入第三禅。这种喜乐犹如出水莲花，根茎花叶都浸润在水中，无不清爽润泽。由第三禅而舍苦乐忧喜，断不苦不乐，护念清净，可入第四禅。此时身心清净，丰满盈溢，就像沐浴净洁之后穿上新衣，无不妥帖。心不沉浮，也不懈怠，不与爱、恚相应，住于不无动境地。又像在密室中点灯，风不能摇动，尘不能遮挡，光明璀璨，无所不照。佛成道、涅槃，都在第四禅。

要想获得禅定的成就，应当关注素食与修行的奥秘。印度各种宗教的禅修者无不如此，许多解脱道修行者或灵修者都不断提倡素食。因为谷类、水果、蔬菜（葱、蒜、薤除外）、豆类、乳类等植物性食品，能创造一个纯净的身体及神经系统，使人获得深沉的醒觉与喜悦，身体变得很健康、纯洁、轻松，精力充沛，心灵平静而快乐。素食是符合禅修法则的生存方式，若想要与真理的伟大力量相融合，了解生命的意义与方向，应当坚持素食。

具体说来，素食对禅修的影响体现在以下几个方面：

1. 吃素能清净心田

万法唯心造，心才是器物世间创造的源头，清净的身与心，才能感受到宇宙的奥秘，承受能量的融合。只有心念被导正了，器物世间才有可能被导正，清净慈悲的心念，正是最强的能量，最大的正念。许多业力的种子，都含藏在八识心田中，使其受到染污。其中最重是杀业，它纠集了许多怨气、嗔恨，形成死角。吃素可以中止再与众生结杀业的机会，如此不再向八识田中丢掷恶业的种子，自然能够逐渐滋长纯净、祥和的善业种子。要积极地清除它们，可以观想法界实相、净土、佛、菩萨、光明等，以此摧毁业障，让修行人获得升华。

2. 吃素能让气脉畅通

气脉与健康、修行有莫大的关联。气脉的畅通与否，与业力有莫大的互动因素。中脉是业力的储藏所，恶因就是气脉不畅通的原因。当气脉的业障全部净除时，便可出离三界。白业越多，气脉越畅通，黑业越多，气脉越阻塞。而修行正是要不断地增加白业，减少黑业，所以当气脉越来越畅通时，健康与修行都得到了进步。

吃素能减少黑业累积在气脉的机会。当动物将被宰杀时，充满恐慌、愤怒之气，若吃下了这些肉便等于把许多的黑气吸入人体、经脉，对于修行有害无益。反之，素食及一切的行善，都能带来中脉的畅通。慈悲的心、愉快的心情是帮助气脉畅通的重要因素。只要心清净了，气脉也就跟着畅通无阻。这就是密宗“心气不二”的理论。

由于密宗比较注重宣扬气脉明点的修行，这里顺便简单说一下密宗的素食观。有许多自诩为密宗权威的人士以极其轻率的口吻宣称

“修密法者可以吃肉”，导致许多人陷入误解、惶惑，甚至教派之间互相攻击。其实，密宗的大量经续中已对这一问题阐明了原则立场。如《时轮金刚后续》中说：

> 食肉者等类确定无疑将转生地狱中，身躯庞大，亦将转生饿鬼等恶趣中。

经论中还有很多类似的论述，文繁不具引。至于密宗戒条中对五肉的规定，也仅适用于那些等净无二的见地早已稳固、不再贪著肉食的圣者，这一点在素荣班智达的《誓言论述》中有详细的说明。此外，密宗所说的食肉有密意，不可从字面理解。如《空行海续释》中说“智慧主当食用无分别念之肉”，这里的“肉”并不是动物的肉。其实，藏地的许多高僧大德都在其论典和生活中倡行素食。只不过由于地理、交通、气候等原因，高原外的人多半是想当然的认为，这里的所有喇嘛都以肉食维持生命。这其实是一种误解。翻开藏传佛教史，或者到青藏高原走一圈，就会发现大量恪守素食原则的高尚修行者。

近年来，已有密宗内外的人士专门著书对此予以反驳，此处不赘述。

3. 吃素能让生活环境祥和

《大乘入楞伽经》中说：“食肉之人，众生见之，悉皆惊怖……食肉者，身体臭秽，贤圣善人，不用亲狎……食肉者，诸天远离，口气常臭，增长疾病，易生疮癣。”用中国的传统语言来说，气有清浊，同类相感，造成各人环境不同。而这与饮食是紧密相关的。吃素可以感召吉祥平顺，因为散发出的是清新慈善的气息，自然汇聚成祥和的气氛。

4. 吃素容易入定

入定的状态是身心呈现一种安稳、放松的状态。气脉畅通，身自然放松；业力干扰少，妄念少，心自然容易安定。吃素可使身心避免受到混浊之气的干扰，而趋向稳定、纯净、宁静、祥和、喜悦，自然容易入此定境当中。

定境是平和、安稳的，和杀生的暴戾之气、痛苦哀嚎不同。定境是充满喜悦的，和杀生的惊恐、不安不同。定境是充满光明的，和杀业的黑暗、下堕不同。吃素，正是带着身心走向平和、喜悦、光明，因为人的生存不是借着其他生命换取来的。血液中流着的是心安理得的安然，而不是暴躁不安的焦躁，自然容易进入与大自然同步的醒觉当中。

5. 吃素长养大悲三昧

慈悲，是一个修行人最重要的美德。越高的法门就越需要慈悲的人才能成就。当一个人慈悲时，整个的身体都呈现出非常柔软的状态，所以我们常常听到柔软与慈悲合在一起，因为事实上身心是互相影响的，当心慈悲了，身自然就柔软，故柔软慈悲，不只描述了心，也描述了身的状态。

吃素，正是慈悲的另一种呈现。因为一切众生从无始以来，在生死中轮回不息，没有不曾做过父母、兄弟、眷属乃至亲朋好友的。因为愍念一切众生与自己都曾互为眷属，每一位众生的生命和自己一样珍贵，都会怕痛、怕死，而肉都是从生命体来的。由此不忍之心而吃素，加上素食本身对于身体就有洁净的滋养作用，借由身心两方面的配合，素食将可成就一位修行者遍满大悲无量心行的三昧禅定力，使其深深沐浴在慈悲的喜悦中。

6. 肉食可破坏神通

佛陀曾为诸比丘说本生因缘。《佛本行集经》中说，过去婆罗奈国山中有一位一角仙人，通十八种大经，坐禅行四无量心，得五神通。时值大雨路滑，伤其一足，便大嗔恚，使咒法让诸龙鬼神十二年都不雨。由此导致民间颗粒无收。国王召集群臣商议，得知了缘由，便招募能让仙人失去神通的能人。一位名叫扇陀的美女应召。她用五百辆车载着美女，五百辆车载着种种美食，装扮成修行者的样子，在仙人庵旁边作草庵而住。有了交往之后，便把他带入房中，拿出伪装成水的美酒、伪装成水果的欢喜丸，使其大快朵颐。又以美色诱惑，以期沐浴，共成淫事。仙人由此失去神通，天上下了七天七夜的大雨。七日以后，酒果吃尽，扇陀诱惑仙人到别处求取，中途便卧在道中，假装疲惫乏力。仙人说："骑我脖子上去。"扇陀计谋得逞，遣人报告国王，人们争相出来观看这一奇景。

慧

佛教的智慧称为般若，表示它是成佛之道，与一般的智慧不同。佛陀正是通过开发自身本来具有的般若妙智证悟法界实相而成就佛果的。般若是佛教修行的核心，是一切戒律、禅定的灵魂。般若也是唯一正确的成佛之路，所有的修行方法只有符合般若，才能成为佛法，否则就和外道没有区别。般若的核心是诸法实相。诸法实相即一切法性空。大乘佛教用"实相印"作为判别一切法是否佛法的标准。

般若妙智能够帮助人们照见一切现象的本来面貌，从而不受假相的迷惑、束缚，自己成佛，帮助别人成佛。这称为"如实知见"，是般若的用处。般若无处不在，一切处可用，一切处可修，一切形式都不拘泥。

饮食不离般若，饮食清净就是般若。《金刚经》中要说般若，先说乞食，就包含了这个意思。乞食资养生身，般若利益法身。乞食表示如来少欲知足、破骄慢心、破愚痴心，富有慈悲，说明佛的生身与法身不异。佛陀表现了他的教义中饮食般若的榜样。他也常常教导弟子"如实知食"。

所谓“如实知食”，就是从饮食了解佛所说的真理，早期的教导是从中了知苦、集、灭、道四谛。如何了解“食苦”呢？从抟食等四食入手。如何了解“食集”呢？从爱、喜、贪着眼。如何了知“食灭”呢？爱、喜、贪灭即是食灭。“食灭之道”又是什么呢？是八正道：正见、正志、正语、正业、正命、正方便、正念、正定。由八正道而得解脱，成阿罗汉。

后来大乘佛教所说的“如实知食”，意思是“如实见空”。色、香、味、触等被称为“饮食”的东西，其实没有实体，只是人们安立的假名。假名产生于思想、想象对事物的执取，由此而有食想。对假有的色香味触的想象遍于一切可饮可食的地方，没有这种想象，这些东西不会成为饮食。所以，饮食是假有，即依色、香、味、触等现象而立的假想物。如实而知则不颠倒、不被饮食贪爱所染污，不陷于无知，灭除戏论，这就是所谓的“空”。如实见空，即是解脱。解脱的意思，是脱离分别。

脱离分别的空才是真实的空，戏论、邪见中无此空。譬如，有一个孤陋寡闻的愚人，不知道什么是盐。看见富贵人把盐和在肉、菜中调味，得知盐能产生美味。他以为盐既能调味，自身的味道也一定很美，便空手抄盐，塞满口腔，狼吞虎咽，结果咸苦伤口，苦不堪言，还以为受到了别人的愚弄。这可以比喻以分别心理解空，必然误入歧途。

般若所说的空法也是如此，它不是一个事物，也不是一种理论，而是一种修行实践。“如实知食”可以正确地观察到四食的缺陷，不生贪著，从容而食。这样还会产生一个意外的、附带的效果：感受到所有食物的色、香、味、触都圆满精妙，一旦能舍弃这些悦意妙相，定力与慧力就会渐渐增长。此后，便能进一步观察饮食的消化、吸收、养育并增长血肉筋脉、骨髓皮肤等，剩下的变成便秽，展转流出，或者引发疾病如疮、癣、癞、疽、癫痫、寒热等等。同时，也能观察到饮食心理，如追求饮食种类，谋食的因缘、勤苦、计算、技巧、忧愁、焦灼，因食而不得自在、造作恶业等等。这样圆满知道四食的过患之后，便会以正确的见地，寻求解决的办法，荡涤身心，安住惭愧，远离骄傲，不抬高自我，不轻蔑他人，依所食段食发起正行，如实了达其量，不苦苦耽着，摄受梵行，远离众罪。

这样，饮食不会放荡。戒律中说，在饮食上纵欲是众罪之源。恣意食噉时，心思浮躁，意不安静。若能在这个时候保持般若正观，就可以避免。不放荡，便不会被骄慢、粉饰自己等情绪所左右。有人吃饭时总是要想：我要多吃、吃饱、尽量吃，以便在力量角逐中获胜。获胜之后，用香水沐浴，打扮得油光水滑，芳香四溢，再出席盛大的宴会……如果以般若之力深见于此，善知出离，就可以身心安定于食物，知道饮食不过为了果腹存命，知道存养的艰难，不会想入非非。这样就可以断除欲望，让心迅速契入禅定，无罪无染而存活。

如实知食，即平等而食。平等食的意思，既不吃得极少，也不吃得极多，只是不吃不宜食、不消化的食物和染污食物。吃得极少会使身体羸瘦，体力不支。吃得极多会使身体沉重，形成负担。由平等食，能断旧苦，不生新苦，除去饥渴，广修梵行。

经中说，依靠般若之力，可知能食、所食“空”，享受实相带来的益处，滋养慧命。《大品般若经》中说有十八空：1. 内空，指眼等六内处无我、我所及无眼等法。2. 外空，指色等六外处中无我、我所及无色等法。3. 内外空，总六根、六境内外十二处中，无我、我所及无彼之法。4. 空空，不执著前三空。5. 大空，十方世界本来无相。6. 第一义空，于实相无所著。7. 有为空，因缘集起之法与因缘的法相都不可得。8. 无为空，不取涅槃法。9. 毕竟空，以有为空、无为空破一切法，毕竟无有遗余。10. 无始空，舍离起始相。11. 散

空，诸法只是和合假有，毕竟为别离散灭之相，无所有。12. 性空，诸法自性空。13. 自相空，诸法总别、同异之相不可得。14. 一切法空，即于蕴、处、界等一切法，自相不定，离取相。15. 不可得空，诸因缘法中，求我、法不可得。16. 无法空，诸法若已坏灭，则无自性可得，未来法亦如是。17. 有法空，诸法只是由因缘而有，故现在之有即非实有。18. 无法有法空，总三世一切法之生灭及无为法，一切皆不可得。大乘菩萨由证知十八空而圆满菩提，自度度人。

证入实相空，可得无碍解脱，一即一切，一切即一，发挥不可思议的妙用。《维摩诘经》中说，维摩诘入三昧，以神通力，向大众显现：上方过四十二恒河沙佛土的众香国，佛号香积，国中楼阁、经行、香地、苑园等等一切都用香作成，芳香无比。饭食的香气，周流十方无量世界。维摩诘坐着不动，便化现出一位菩萨，到香积佛顶礼问讯，化来一钵饭食。这钵饭的香气，熏得整个城市及三千大千世界的众生都身心快乐，赞叹为前所未有。维摩诘便用这一钵饭分给在座的成千上万的会众，居然使每一个人都吃饱了，饭还有余。他甚至说，四海有竭，此饭无尽！即使一切人都来吃上一劫，或更长的时间，还不能尽。因为这是香积佛的无尽戒、定、智慧、解脱、解脱知见所报应的，始终不可尽。会中的菩萨、声闻、天人，吃了这饭的，快乐身安，毛孔都发出奇妙的香气，如同众香国土的香。在香积佛国，菩萨各各坐香树下，闻到这种妙香，立即获得“一切德藏三昧”。得到这个三昧后，菩萨的所有功德，全部具足。《阿含经》中也多处叙述佛以一钵饭悉饱众人的奇迹，以说明实相的不可思议。

佛法以甘露味充实身体，以八解脱浆滋润肌肤。这样的饮食，是使用大悲水、大悲火烹调出来的。具体做法是，以悲心念众生，以慈眼视众生，得大慈悲果报。其中蕴含着无穷无尽的福德智慧，香气四溢，不可思议，无可比拟。一闻到这种香味，立即身体健康，心情愉快，仿佛进入天堂。菩萨吃了这样的饭食，遍身的毛孔都发出奇妙的香味，就如同那个叫众香国的净土里的香树一样香。

这样的香气会一直持续，凡夫、声闻吃了之后，直到证入无漏境界，香气才渐渐消除；证了无漏的人吃了，体安心静，大发菩提心，得到心解脱时，香气才渐渐消去；如果吃这饭的人尚未生起菩提心，香气到菩提心生起时才消；已发意食此饭者得无生忍然后乃消，已得无生忍食此饭者至一生补处然后乃消。

一切佛有三种身：食身、化身、自性身。自性身为食身、化身的依止处、根本。诸佛食身、化身各不相同，在一切世界中各有徒众、刹土、各种名号、身业。食身、化身都是因为自利他利的因缘而有的。食身以自利成就为相，化身以他利成就为相。得般若之力，便可以成就三身。

庄严国土观

身心国土，依报庄严

佛教从因果的立场出发，认为身心和国土分别是众生的依报和正报，二者是一体的。所谓依报，是说我们所赖以生存的环境，不管它是洁净的，还是污染的，都是我们业力的报应。正报，指凡夫和圣人的身心，有人、天、男女、在家、出家、外道、神、菩萨及佛等等不同，也是由业报所感的。健康的个人必需健康的环境。我们既要关注个人的身心，又要关心大的环境。就饮食而言，应该建立宏观的饮食观念，不要轻信褊狭的言论。有些只注重专门问题的饮食观念容易产生误导。这样的研究往往只是发现了一小点成果，而且并不确切，便被宣传为金科玉律，却又难以避免今日的研究结论又被明日的一个新发现所质疑甚至推翻。

佛经中描绘了饮食如何导致人类的身心国土发生变化的历史画卷。天地始终，劫尽坏时，众生命终都在光音天自然化生。他们以意念为食，光明自照，神足飞空，逍遥自在。其后娑婆世界尽变为水，没有日月星辰、昼夜年月，唯有大冥。再后来，水变成大地，光音天人福尽命终，来生此间，但仍然像光音天一样幸福。居住久了，地中便有甘泉涌出，状如酥蜜。那些天性浮躁一些的尝试之后，便以为味道比意念更美，恣意取食，毫无厌足。其余众生也纷纷仿效，身体便渐渐转粗，肌肉隆起，失去了天人的妙色，飞行的神通、身上的光明也逐渐转灭，天地大冥。

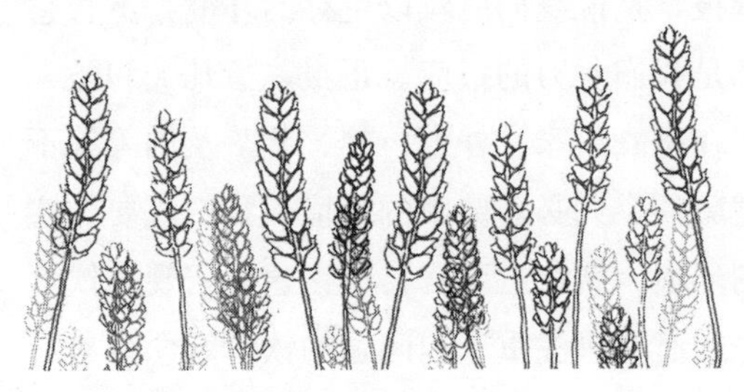

大冥之后，日月星辰出现在虚空中，有了昼夜晦明、日月岁数。地上的食物吃得越多，容貌越丑。少数相貌端正的人便生起骄慢心，容貌丑陋的便生起嫉恶心，互相忿争。这时，甘泉自然枯涸，地上生出“自然地肥”，色味可人，香洁可食。众生取而食之，容貌变得更加粗糙，纷争也更加剧烈。久而久之，地肥也越来越粗厚，味道每况愈下，直至不再生长。其后地上生出“自然粳米”，取来便可以吃，不需去皮筛糠，色鲜味美，众生又取而食之。吃米之后便分出了男女，互相凝视，产生情欲。有的人逐渐亲近起来，如胶似漆。其余众生大为光火，觉得这简直是为非作歹，离经叛道，便把他们驱逐出人的生活圈子。但三个月之后，他们就回来了，原来的荒唐举动，现在却成了人伦常情，原来的叛逆者也成了先行的英雄。众生恣情纵欲，不分时节，又觉得惭愧，便建筑房屋。房屋之中，淫欲更盛，世间胞

胎，从此出生。

那时候，自然粳米随取随生，无穷无尽。有一些懈惰者便觉得每顿都要取食，过于辛苦，便一次取足一天的粮食。众人群起仿效，于是又有人一次积了三天的粮、五天的粮，竞相存储，粳米便荒秽了，转生有糠的谷，收割之后便不再生长。众生忆甜思苦，各怀是非，迭相憎嫉。为了息事宁人，只好瓜分土地，划分界限，于是世间开始有田地之名。分封田地后，盗贼又起来了，世间有了不善之人。人心变得秽恶不净，成了生老病死之源，产生烦恼、苦报，堕三恶道。由于田地导致的诤讼，人们又拥立了君主，交纳贡米供养，于是世间便有了王，以正法治民。同时，众生中独有一人，他们醒悟到“家”是众生大患、毒刺，就抛妻别子，独自在山林中闲静修道，开饭时入村乞食，众人也乐于供养、赞叹。世间又有了婆罗门名字、婆罗门种。接下来，有了居士及工匠等名字，形成四大种姓和沙门，共五个阶层。

过去有一个国王，名坚固念，拥有金轮宝、白象宝、绀马宝、神珠宝、玉女宝、居士宝、主兵宝，称为转轮圣王，领有四天下，无为而治，自然太平。人正寿四万岁。王位传至他的孙子时，由于不能拯济孤老，惠施穷人，人民日益贫困，由贫穷而有盗劫、武器、互相残杀。其后人类寿命开始减短，渐渐缩为二万岁、一万岁。一万岁时，众生除了杀、盗，还贪婪、邪淫，故作妄语。因为妄语，寿命减至千岁。千岁之时，两舌、恶口、绮语三恶业展转炽盛，人寿减至五百岁。五百岁时，非法的淫、贪、邪见盛行，人寿减为百岁，如同今日。以后还将减至十岁。那时候，女子五个月大便出嫁，世间再也听不到我们现在享用的美食的名字，丝绸锦缎等也无处可寻。众生永远听不到十善之名，唯有十恶充满世间。众生恶贯满盈，不敬父母、师长，不忠不义，返逆无道者更受人尊敬。人人相见都分外眼红，相互搏杀，犹如猎师见到小鹿。地上多荆棘，蚊、虻、蝇、虱、蛇、蚖、蜂、蛆等毒虫众多，金、银、琉璃、珠玑、宝贝深埋地下，无人知晓。地上只能看见瓦石沙砾，沟壑、溪涧、深谷纵横，土旷人稀，无限恐惧。

毕竟还有智者，他们远远地逃避到丛林中，相依为命，苟延残喘。渐渐醒悟到众生积恶深广才遭到劫难，于是相互敦劝，从不杀生做起，共襄善举。日复一日，众生色寿转增，由十岁而二十岁，直至达到八万岁，过上理想的太平生活。

以上说法见于《长阿含经》《增壹阿含经》。这一历史观虽然充满宗教的色彩，但它蕴含的由饮食贪爱而导致的文明退化、循环的观念，却是我们今天的头脑完全能够明白、理解的，虽然这种观念与许多人的想法正好相反。它具有浓厚的道德色彩，宣称“厚于味者即仁道薄，仁道薄者豺狼心兴”，正是这虎狼心导致了历史的退化。它不那么乐观，并不支持饮食技术、饮食产业会导致人类进步的观点。它提倡淡泊滋味，回归人性，由饮食而引导人类心灵的升华。从长远的历史眼光来看，我们却不能不说，这些观念闪耀着智慧和慈悲的光芒，我们随时都不应忘记它的启迪，去关心和回答诸如究竟应该吃什么之类的问题。

佛陀的思想并不孤立。20 世纪以来，肉食与乳品的神话被粉碎了，这可以看作是对他的一个回应。人为了吃 1 磅动物蛋白质，必须给动物吃 21 磅蛋白质，得到的不如付出的 5%。由于吃肉而不吃素，白白浪费了 90%的蛋白质，96%的热量，全部的纤维质及碳水化合物，仅仅从经济上看就是划不来的。比较植物性食品和动物性食品提供的全部热量，就会看出植物性食品更占优势。1 英亩土地所种植燕麦产生的热量 6 倍于以它来喂猪的收获，25 倍于喂牛。其他的营养表也粉碎了肉食与乳品的神话。比方说，1 英亩的花椰菜产生的铁质是以之喂牛而产生铁质的 24 倍，燕麦的铁质则是它的 16 倍。一英亩的燕麦花椰菜所产生的钙5倍于以它喂牛的所得。这些比例对世界粮食问题的意义发人深省。浪费实在惊人。

肉食也对其他资源造成沉重的压力。1磅出自饲养场中的牛肉要花5磅的谷物、2500加仑的水，相等于1加仑汽油的热量和大约35磅的表土流失。北美洲三分之一以上的土地已变成畜牧地，美国一半以上的农地用于种植饲料，一半以上的水用于畜牧。供应肉食者食物所耗费的水量，是奶蛋素食者耗水的3.3倍，更达纯素食用水的13倍之多。这些被浪费掉的水，除了给牲畜喝，又拿来灌溉农作物供牲畜吃，还有更多的水用来替牲畜冲洗身体、栏厩、排泄物。人为了吃肉而多用了12倍的水量，使得水力发电的供水不足，被迫另外寻求其他更昂贵、更复杂、更污染的发电方法，结果大大地提高了发电成本，也大大地提高了社会成本。从种种方面来看，植物性的食物都对资源与环境的压力更小。

畜牧破坏最大的是森林。满足一个肉食者所需的土地，大约是满足奶蛋素食者所需土地的6.5倍，更是纯素食者需求的25倍之多。肉食导致土地紧张，进而导致森林的滥砍滥伐加剧。自古以来，砍伐森林最主要的目的是放牧牛羊，至今仍是。在美国的明尼苏达、威斯康星等地，以前的森林现在被农场覆盖。在那里生长的，主要是玉米和大豆。美国人不怎么吃那些蔬菜，那是给牛的，产出了有名的威斯康星奶酪。不管吃素能否挽救环境，但是可以肯定美国的森林被吃肉行为破坏了。哥斯达黎加、哥伦比亚、巴西、马来西亚、泰国和印度尼西亚都在大量砍伐森林，种草养牛，但这些牛的肉却送不到这些国家穷人的口里，他们被卖给大城市中的有钱人，或外销别国。过去25年间，中美洲雨林已有一半被砍伐，用来养牛以供应北美。人类为了坚持吃肉的饮食习惯，拿大部分辛苦耕作所收成的农作物喂饱动物，却让世界上多数地区的无数人口天天挨饿。1974年，美国海外发展评议会的雷斯特布朗估计，如果美国一年少消耗10%的肉类，就可以释放出至少1200万吨谷物给人类食用，可以喂饱6000万人。美国农业部前助理部长唐巴尔堡曾说，美国的牲口如果减半，则粮食足以使社会主义国家之外诸国卡路里的供应量超出现在的4倍。真的，富裕国家制造动物性食品所浪费的粮食，如果适当分配，足以终止全球的饥荒和营养不良。可是，就算美国把这些粮食无偿捐献出来，一些穷国却连运费都负担不起。人类的大饥荒，竟是起源于人类对食物做了错误的选择！

现代的素食主义者提了一个问题：世界上的资源在未来到底能够承受多大的食物供应压力？他们说，一种简单的计算方法就是看看动物所吃的食物。再经过几代，世界人口将会翻3倍，而肉食工业根本不可能将其产量提高3倍。因为，要到达这个数字，需要111亿英亩耕地和225亿英亩草地。谁能想象，这比现有人类居住的6个大洲的总面积还要大！养殖业已经引起了地下水、顶层肥沃土壤、森林和能量的短缺。要维持现有的人均肉类消费量已经不可能了，遑论更为远大的目标！

如果选择素食，则不存在这样的问题。我们的星球虽然只能勉强养活80亿肉食者，却可以轻松地为300亿人口提供营养充足而又美味可口的素食。为了生存，人类恐怕不得不选择素食主义。

自然和谐，人天庄严

自然农耕

人类、地球、宇宙原本是一体的，必须综合三者的力量来维护和滋养土壤，生产出健康的农产品，同时保护地球的健康。这便是自然活力农耕的理念。自然活力农耕是“二战”前后德国科学家鲁道夫·史代纳为治疗和保护土壤所开的药方。他认为土壤是人类健康之本，土壤实际上也是一个生命体，必须保持其肌体的健康和平衡。他主张根据星象、季节和自然规律，有计划地进行耕种，极力避免使用化工肥料和农药，把一些草药接种入人工堆积的有机肥里，通过自然发酵和分解，成为最佳肥料。他还希望自然活力农耕能唤醒人们重新认识人与天地的关系，让人亲近土地，建立起人类与大自然之间的同胞关系，唤起古老智慧，建立一个健康的社会。

早在19世纪50年代，欧洲便出现了土地越来越贫瘠甚至沙化的现象。德国、波兰、瑞典、英国和爱尔兰等很多国家的农民开始移民到美国。“二战”前夕，口蹄疫等家禽家畜疾病急剧上升。史代纳在深入研究之后提出，根治这些问题要从尊重人和自然开始。他认为，地球是一个生命有机体，矿物是它的生理身体，植物是它的生命体，动物是它的星芒体，人是地球的自我，这一切都是宇宙中有机联系的统一体。植物的功能主要是把宇宙的力量带进地球：叶子转化光能，根化解土壤，转化出自身生长和滋养人与动物的能量。他指出，植物本身不该有任何疾病，因为它是健康生命的缔造者。只是由于环境和土壤遭到破坏，使得地球的生命力衰竭，植物才出现了毛病。动物和人类的各种疾病是紧随植物疾病而出现的。某些精神文化和社会问题也与此相关。于是，他指导一些农夫建立了自然活力农耕。它的基本精神是把宇宙的能量带进植物和大地，再转换给人类，在人类获取食物时，大地也得到滋润。他用特别的配方制作堆肥来治理土壤，使植物获得了重生，人们也获得了健康的食品。

1926 年，第一个自然活力农耕农场在荷兰的拉维兰德建立。1940 年，鲁道夫·史代纳的追随者费佛尔博士到美国介绍自然活力农耕，并在纽约建立了一个实验室，同时设立了费佛尔基金会。他后来成了美国农业部的顾问，并帮助美国成功地控制了动物的口蹄疫病情。

1928 年，自然活力农耕的产品商标“DEMETER”在德国注册，后来它成了有机健康食品或绿色食品的标志，当时还成立了 DEMETER 协会。实践自然活力农耕的农场，都可以加入这个协会，当他们的产品通过认证，就可以贴上 DEMETER 商标。今天，农产品贴上 DEMETER 商标就意味着它的安全、健康和更充足的能量有了保证。随着人们对健康和安全食品需求量的增加，世界性的绿色食品运动正在如火如荼地发展着，而自然活力农耕运动也得到了蓬勃的发展。目前，世界上许多国家都已有了自然活力农耕农场。

这些农场不仅仅生产食品，而且有着明确的教育目的，产生了一系列的文化现象。如必须从不同角度去认识和了解地球、宇宙和人类的关系，必须学习星象学、植物动物学、土壤学等等。农场的结构和管理在实践着真正意义上的社区文化生活，分享共同的价值观、经济

生活和精神文化。

东亚人所理解的自然活力农耕，就是跟着大自然的法则来生产作物。这似乎很符合他们传统的哲理、农作方法和生活方式，所以也很受欢迎。1938年由冈田吉茂开始在日本实行的自然农耕方法，80年代引入中国台湾，并成立了有关自然农法组织。目前中国内地也有人在推广。

自然活力农耕所要完成的任务主要有两条，一是保持生态平衡，二是种出优质的作物。人类开始耕种的第一天，就已经介入了自然生态系统的运行，要保育生态，除了农场与外界的平衡外，农场内的生态系统平衡也很重要。农场每次收成都会破坏土地的元素、生物和活力，所以在收成后要给土地一些回报。例如轮作、休耕、使用堆肥、增加土地的微量元素、增加农场的生物物种和数量，都是给土地做出的补偿。在翻地或除草时，必须让生物有逃避的空间，否则对生态平衡不利。

怎样才算是优质作物呢？富有生机、对人类最有益处的就是优质作物。健康的作物一般都比较结实，有重量，色泽光亮，外形虽然没有化肥催生的大，但是也不会特别细小。若外形过小，表示施肥出了问题。至于营养成分，必须通过测量来确定。有研究显示，有机菜的微量元素要比普通菜多。

食物的质与量，受惠于肥沃的土壤。一般人理解的自然农耕就是不用化学肥料，不用化学农药。事实上最重要的原则是要和大自然和谐共处。善待大自然才能使所有的人都吃得饱、穿得暖，有屋可以避风寒。要想提供完整、平衡、高能量的食物，必须保护土壤的活力。土壤的活力可以通过直观观察和测量有机质来估算。一般而言农夫都喜欢松软肥沃的土壤，这样耕种起来较容易，而且土壤中也贮存有足够的养分来生产高能量的农作物。另外，测量出土壤中有机质的含

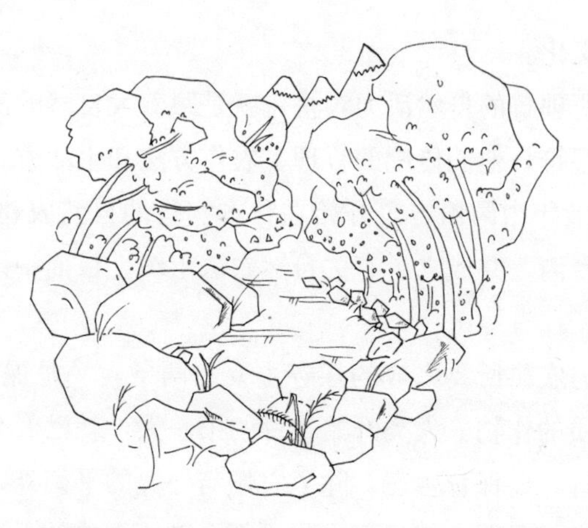

量，算出蚯蚓、细菌的数目与所占土地大小的比例，也可以相当精确地推断它是否具有活力。用可溶性固体在作物中的含量来做指标，也足以探知土壤的生命力。

比测算更重要的是，森林、溪流和鸟儿都属于田园，自然有它们所属的空间。蛇、蜜蜂、老鼠也都有它们该扮演的角色，所有的有机生物也是如此。他们对大自然的贡献是我们知识范围所不能及的。一个受破坏的环境会有黑山鸟盘旋，然而一个和谐平衡的环境，却可以看见蓝鸟及其他各种鸟儿围绕，没有人能理解个中奥妙。一旦我们对大自然展开全然的信任之后，它潜在的能力就将得以发挥。大多数的森林都已遭受无数次的砍伐，当它再要长大时，势必要和许多小树林竞争。如果树木和灌木分布稀疏的话，森林成长的速度可以加快一些。大多数的溪流已被挖掘而干枯，使得冲积平原受到侵蚀而显得贫瘠荒芜。如能将这些沟渠塞住而填上淤泥，就有可能保存其湿度而使它成为肥沃的土壤。

肥沃的土壤可以保护植物免于流行病的感染。当土壤中的有机质增加时，病虫害也会相对地减低。当土壤过于潮湿时，不论是以人力还是机器来栽培作物，都只会减低土壤的生命力。大多数的田园都已

失去强劲的活力，要想它们生机重现，需要改变目前的耕种习惯和方式。以大自然的步调来推动生产的发展，选择适当方法，拟定出处理土壤的先后程序，可以实现人力和财力的合理消耗，避免经济上的危难影响到农民的生计。恰当的农耕技巧加上认真仔细地去执行，将为作物创造绝佳的生长环境。

我们现在的土地是向祖先借来的，向子孙借来的。在借来的土地上，我们要好好照顾，来的时候是什么模样，走的时候也还给她原来的模样。

佛教经济学

目前，全球的耕种方式、饮食工业都是受西方的观念主导的。他们的农业和工业又是他们的经济学的反映。因此，对他们的经济学观念进行反思，也是有必要的。

古典主义经济学家把自利作为理性人的本性，用合理的私欲追求来解释经济的发展与繁荣。市场经济的理念就是以“经济人的理性”为逻辑预设的。毋庸置疑，这个理念在历史上发挥了巨大的作用，几个世纪以来东西方社会历史的发展，都是它的威力的注脚。然而，越来越多的人逐渐意识到，这一理念已经越来越不利于揭示市场经济的丰富内涵。

“经济人预设”所强调的基本原则是经济自由，但它的实践恰恰会限制经济自由。因为，“合理自利”一方面设定了人性中自利的倾向是无限扩张的，另一方面又不得不对它设置限制，依据什么来限制、如何限制才“合理”却没有交代。表面看来，交易方共同协定契约，可以保障自身的自由乃至商品的自由，可是谁来保障动物的自由，谁来保障自然和历史文化遗产等等的自由呢？如果靠的是人类自身的相互制衡，那么，面对这些“经济资源”的经济活动，岂不是演变成了权势的斗争？如果是那只“看不见的手”在暗中操纵一切，那么人不过是奴隶。这也算自由主义的话，充其量是消极的自由主义。

实际上，历史上为这个“预设”作修正和补充的大有人在。其中最为有名的是马克斯·韦伯。他将资本主义的兴起、发展与新教伦理联系起来，考察其内在机制。他认为，新教的机制在于通过基督教“天职”观念的基因移植，使新教教义切入社会。教徒在世尽职就是服务上帝，他们自己可以用禁欲主义的节俭来积累财富，印证上帝的“恩宠”，实现服务上帝与生活幸福的良性循环。这是通过把上帝“内在化”，为经济学赋予了“积极”的内涵。由于上帝代表着宇宙的根本规律，经济活动本身便有了合乎自然和真理的意味，“自由”和“合理”都有了根据。

上帝、自然和真理保证了“经济人”享有的“自由”，他和他的财富因此可以不受限制。这样的法律基础显然比“合理的自利”更有力。然而不管这一理论如何冠冕堂皇，它毕竟是伦理学，而且天生就带着褊狭的气质。新教本身就赋予了上帝“主宰”一切生物的权力，他们的“经济人”获得“上帝的恩宠”，不过从伦理学上把私利的最大化打扮得天经地义。翻开历史书就可以看到，“扩张”是他们最本质的特征，殖民主义和侵略也借此开道，给世界人民造成灾难。这样的“伦理学”太偏爱“经济人预设”，只是急于给它撑起保护伞，却没有为它夯实地基。

这个伦理学没有济经济学之穷，导致更多的思想家们继续漠视经济伦理，坚持“经济人预设”，于是，经济学不得不蒙受耻辱和灾难。随着社会的发展，经济手段的地位没有上升，政治、战争和法律手段却如日中天。然而它们不仅有许多漏洞、盲点和不可预见之处，而且还可能导致巨大的灾难和倒退。在这种情况下，经济界的腐败也愈演愈剧烈。破坏大致可以分为两类：一是公司或国家经济、管理体制内部的腐败，一是国际间不公正的经济侵略和掠夺。20 世纪 70 年代，美国洛克希德公司为了打开市场，不惜重金贿赂日本等国政要，被媒体揭露，引起世界震惊。就在同一时期，美国大公司的经济丑闻频频曝光，引起了社会的极大关注。

在这个背景下，1974 年在美国的堪萨斯大学诞生了经济伦理学，人们又重新祭起了伦理的旗帜。古典主义的经济学家也纷纷加入进来，赋予了经济学浓厚的伦理学特征，以保守的姿态反映了经济学的现实。新的经济伦理学能否有所作为，尚需时日检验。在这股大潮中，西方经济学界提出了“佛教经济学”的概念，引起了广泛的兴趣。“佛教经济学”能否成立？历史上尚未存在过近现代意义上的类似学科。最早将佛祖教诲与经济学相结合的是经济学家舒马赫《小的就是美好的》（*Small is Beautiful*）一书。泰国的佛教学者佩尤托则于 1992 年出版了专著《佛教经济学》（*Buddhist Economics*），获得了法国尤奈斯库和平奖。

“佛教经济学”的提出，反映了西方经济学界的困境。西方经济学狭隘的思维模式似乎也成了许多社会危机的根源。在以市场经济为基础的高效率、高收入和高消费的生活方式中，人、自然、社会、知识等等都退化成了经济繁荣的“资源”、“资本”。人道主义思想将宗教信仰等活动从精神领域中驱逐出去，成为占主导地位的社会意识和思想原则。人的“心理资源”、“文化资源”、“精神资源”等日益枯竭，生存空间受到挤压，“我”和我的权利、利益构成了生活的全部意义。人们感到了前所未有的精神压力，许多难以解决的问题只好搁置起来。社会整合资源日益贫瘠，直接冲击经济体制本身的调节功能。要建立完整的经济学应对这些危机，需要引进多方面的智慧。佛教是一种世界性的宗教，它既有助于建立与其他社会部门相联系的经济学，也有助于社会中经济人的“人格”的确立，这恐怕是它引起关注的原因。

佛教除了在精神文明方面为人类做出了重大贡献之外，和经济也有十分密切的关系。佛陀在世时所宣讲的崇高的“八正道”中，“正命”占有重要位置，也是佛教徒一切世俗事业的准绳。佛陀虽以托钵行乞为主，不事生产，但他对农业相当熟悉，也不反对众生从事生产经营。佛陀教导人们：

始学工巧业，方便集财物，
得彼财物已，应当作四分：
一分自食用，二分营生业，
余一分密藏，以拟于贫乏。
营生之业者，种田行商贾，
牧牛羊生息，邸舍以求利。
造屋舍床卧，六种资生具，
方便修众具，安乐以存世。

龙树菩萨在《大智度论》中明确提出，“一切资生事业悉是佛道”。佛教传入中国后，发展出了独具特色的农林生活。唐代百丈禅师更树立了具有代表性的“一日不作，一日不食”的普遍劳动制度。其他如黄檗开田、仰山除草、布袋插秧等典故，都反映了佛门与农林生活的密切关系。佛教徒一代又一代地致力于开垦土地、兴修水利、造林护林，为中国古代农业的发展做出了贡献。

按佛教的观念，以“正命”奠定“经济人”的人格基础，而不是“合理的自利”，这样可以拓展它的内涵。“正命”是人类正常的生命需求，它的最低层次是维持肉体的存在与生命的延续，最高层次是满足大千世界有情众生，达到最高的理想境界。从这一点来说，经济活动的范围也就有了无限的可能性，经济学的视野也可以变得非常开阔。按照佛教的义理，生命既不从属于“身体”，也不从属于“心灵”，而是出现于无始以来的因果之流。经济活动是这个巨大洪流的一部分，不能从中分裂出来，经济学必须以洞悉这个根本的真理为前提。

与古典经济学一样，这里并不需要特别强调伦理的绝对意义。但不同的是，“正命”本身提供了价值评判的参照系，而且不像“看不见的手”或“上帝”、“自然”那样含混。“正命”思想可以与西方的人本主义相互沟通，是他们可以接受的。这样的“经济人”还可以从仅仅关心如何生产、交换、消费等细致的专业问题中解放出来，从容确认自己与其他社会主体的关系，明确并超越自己的特殊性，获得经济上的积极与自由。

联系经济利益来说，“正命”又可以具体化为“自利利他”。按杜尔凯姆等人的论述，利他并非只是悦人的装饰物，而是生存的基础。“自利利他”也可以用来代替西方经济学中对“利益最大化”的片面追求。“自利利他”赋予经济活动自由、原则、方法，也为财富的累积与无限增长提供了坚实的后盾。佛陀的教诲特别强调慈、悲、喜、舍的菩萨精神，多次指明“布施”的才是获得福德与财物的有效途径，并阐明了它们之间的辩证关系。布施是自由的。

这种经济人可以称为“积极的自由经济人”，这种自由是超越了经济活动的限制、洞悉了生活的真理之后的自由，不同于理性地追求自利的自由。梁启超曾感慨：“凡夫被目前的小欲束缚着，失却自由。佛则有一绝对无限的大欲在前，悬以为目标，教人努力往前进……佛对于意志，不仅消极地制御而已，其所注重者，实在积极的磨练激励之途。”

总之，佛教主张众生平等、世界大同，有完整的教理教义体系，在全球化背景下，能够为“经济学”提供充足的智力支持。

传承文明，古今庄严

素食主义

经济学没有固定的形态，有什么样的文化背景，就有什么样的经济学。对于饮食的深入讨论，自然会由经济学的观念而延伸，触及更加深远的饮食文化。限于篇幅，这里只涉及素食文化。

素食文化有悠久的历史。公认的素食鼻祖是印度人。印度自古以来宗教氛围就很浓厚，饮食也深深地打上了各种宗教戒律的烙印，印度的素食可以说是“戒律的素食”。素食的传统从未中断，至今盛行。社会地位越高的人，越是推崇素食。据报载，在印度的一个小镇“哈德瓦”，马戏团的一头狮子为了获得表演的机会，竟也一改天生嗜肉的习惯，吃起素来。原来，那里的宗教严令禁止任何人食肉饮酒，马戏团来到这里，自然也必须入乡随俗，一律吃素以后才获许演出。可是刚演了一场，就遭到禁演。当地人发现这头狮子居然还在吃肉，立即向行政当局做了举报。这一来，狮子每天也不得不靠喝牛奶啃面包为生，直到演出结束。

西方的素食文化也可谓源远流长。

据说西方历史上最早的素食主义者是古希腊数学家毕达哥拉斯，他相信灵魂轮回说，用豆类和其他素食代替肉食，以此培养无罪的心

灵。稍后的哲学家恩培多克勒也持有相同的观点。从古希腊到罗马帝国的许多名人都是素食主义者，我们可以列出一长串名字。

《圣经》是西方文化的另一个来源。其中《创世纪》第一章二十九节，上帝指示可食用的东西："看哪，我将遍地上一切结种子的蔬菜，和一切树上所结有核的果子全赐给你们作食物。"《利未记》第十一章四十一节，耶和华又晓谕世人食素："凡地上的爬物是可憎的，都不可吃。"第四十二节说："凡用肚子行走的，和用四足行走的，或许多足的，就是一切爬在地上的，你们不可因甚么爬物，使自己成为可憎的，也不可因这些使自己不洁净，以致染了污秽。"理由是"如果你们的身体不洁净，不能到上帝的国土来"。早期的基督教是奉行素食的。许多人考证，耶稣基督也是素食主义者。那时，人们打着宗教仪式的幌子在神庙中宰杀、烧烤并狂吃动物，基督教的缔造者称这种习俗"骇人听闻"。这种做法激怒了耶稣基督，他用鞭子把他们赶出神庙。他们转移到屠宰场中，这种仪式也被宗教清退，被世俗化了。这些思想影响了古罗马时期部分人的饮食取向。基督教各派的修行者、犹太人及其他很多宗教的信徒都认为，肉食是一种残暴和代价高昂的行为。今天，尽管素食主义不再是基督教的信条，但仍有一些教派禁食肉、鱼和蛋。

18世纪，由于经济、伦理和营养学等方面的原因，素食主义逐渐引起了人们广泛的兴趣。本杰明·富兰克林和伏尔泰都是素食主义的倡导者。德国哲学家叔本华宣称："凡是对动物残忍的，不会是个好人!"俄国小说家里奥·托尔斯泰直接以素食主义作为追求完善道德的标准。1809年，素食主义运动正式在英国的曼彻斯特诞生。大部分欧洲国家都有过规模极盛的素食主义运动。1847年，英国一些Bible Christian的成员脱离教会并成立了素食者协会。美国于1850年，德国于1867年，法国于1899年分别成立了素食者协会。1908

年，国际素食者联合会在北爱尔兰成立。1949年，美国素食者联合会成立，1960年，美国严格素食者协会成立。

第一次世界大战后，人们进行了“人类第一次大规模的素食实验”。那时，丹麦的进口完全被联军封锁，为避免粮荒，政府拟定了一个全国粮食配给计划，将国内原来分配给动物食用的谷类，改成人的食品。计划涉及了大约三百万人，结果出人意料：自1917年10月至1918年10月间的死亡率创历史最低，比过去十八年的平均数整整下降了34%！这一时期，挪威、美国、瑞典等国人民也因粮食和肉类短缺而被迫接受素食，健康水平却普遍提高。

人们开始猜测素食是否更有营养？于是，对世界各地饮食习惯的第一次大规模研究从二次大战后开始了。收集到的数据显示，肉食与短寿关系密切。因纽特人、拉普兰人、格陵兰人、俄国的科基族人都食肉最多，寿命最短，平均年龄只有三十岁左右。食肉大国美国气候条件相当不错，医疗条件首屈一指，却是工业发达国家中平均寿命最短的国家之一。相反，居住在厄瓜多尔安第斯山脉的维尔坎巴斯人、黑海地区的阿巴汉欣人、巴基斯坦北部喜马拉雅山地区的亨札人，他们全部食素或接近全素，不仅长寿，而且晚年十分活跃，很少患有工业社会中常见的老年衰退症。

科学家们形成了一个全新的观念：饮食对健康和长寿至关重要，而素食也许应是人类最终的饮食标准。于是，一场对素食与健康关系的科学实验研究工作在西方开展了起来。他们从营养学、医学的理论出发，对动物性食品、谷类及蔬果类的蛋白质、脂肪、维生素、矿物质及碳水化合物等营养成分的含量做了详细的分析和对比，发现素食不仅可以充分地提供人类所需的蛋白质等营养成分，而且去掉了动物性食品所带来的多余胆固醇等有害健康的因素。人们发现肉食和过量饮酒给自身带来心脑血管疾病、肝病以及糖尿病等诸多病症，而坚持素食几乎可以完全防止这类疾病的发生，并对这类疾病起到有效的治疗作用。调查还发现素食者比肉食者不仅在身体上更加健康，而且在生理上更能适应。素食还是提高智力、培养良好心境、有益美容的饮食。

现在，营养专家已经不再争论肉类食物的必要性，他们已经认同肉类并非人体所必需的了。许多食物都含有蛋白质，肉类只不过是其中之一。它的特点只是最昂贵——给地球造成最大的负担。素食的确不会有营养不足的问题，世界上许多有素食文化的地方，其人民的身体甚至比非素食者更健康。终生吃素的甘地在将近80岁被暗杀之前一直过着活跃的生活，英国的素食历史也有140余年了，有些素食家庭已延续到第三代或第四代。有许多杰出的素食者如达芬奇、托尔斯泰和萧伯纳都长寿而创造力丰富。其实大部分高寿的人也都不再吃肉或甚少吃肉。

现代素食运动关心的主要问题比健康更重要。印度圣雄甘地说：“素食主义须要以道德为基础。”近年来，素食主义已发展成生态保护或一种生态伦理的一部分。素食使人和食品、植物与自然界产生新的关系，在获得健康之外，也拯救了地球。

大致说来，现代素食主义者的动机可以分为三类：出于信仰、为了健康、提倡环保。“素食主义者”比较重要的类型有：

1. Vegans，严格素食者，吃全素，拒吃所有动物来源的食物，包括乳制品。

2. Lactovegetarians，食乳蔬者，吃蔬果、谷类以及乳制品。

3. Ovolactovegetarians，除了乳制品及蔬果，也吃蛋。

4. Pescovegetarians，吃乳制品、蔬果，有时也吃蛋和鱼类。

5. Quasivegetarians，半素食者，除了吃乳制品和蛋，也吃少量的鸡肉和鱼肉，但通常不吃红肉。

如今，美国人几乎 24 小时都被“水果和蔬菜能抗癌而荤食提高患心脏病的机率”的讯息提醒。越来越多的人开始反对食用动物的不义之举。美国有 1400 万素食主义者，有超过 3000 万人在餐桌上尽量避免吃肉。西欧的情形则是荤食者也日益减少，尤其是荷兰、德国、意大利和西班牙。英国有 400 万名素食者，有 1700 万人禁食牛肉。东欧国家和一些非洲国家的素食者协会如雨后春笋般冒起。

相比之下，德国是一个素食主义运动最出色、素食也最普遍的国家。韩国素食者孙基忠通常以小米、红豆及白菜为食，他在柏林奥林匹克世运会赢得马拉松赛跑冠军，极大地提高了德国人吃素的信心。在德国有一种随处可见的饮食店叫做 Reformhaus，这种饮食店只卖素食，但品种丰富得令人咋舌，全国各地约有 2500 家，始终生意兴隆。据调查，Hunze 族人食物几乎完全是素食，但癌症患者绝无仅有。在德国人人都能了解肉食之鄙，更明白素食的重要，在生理上、美学上、营养上及健康上都与身体有密切的关系。德国素食营养丰富，风味绝佳，人人赞叹。

近年来，有人宣告素食的黄金时代已来临。快速成长的素食人口、广泛传播的素食信息、多元呈现的素食形态……不仅相互激荡出迥然不同于肉食文化的另类饮食风格，更创造了有史以来最多姿多彩、趣味盎然的素食风潮。1999 年 1 月 4 日至 10 日在泰国清迈举行的第 33 届世界素食者大会是一个里程碑。它标志着全球范围内素食风尚的蓬勃兴盛。

有趣的是，当相当多的亚洲宗教师、瑜伽师不远万里去纠正西方人的饮食习惯时，自己国家的年轻人却背道而驰。在快餐文化或垃圾食品的席卷下，以素食为主的亚洲人民逐渐向西方的肉食与营养过剩的饮食方式看齐，就连素食者的鼻祖国印度，也显得迫不及待。早在 2000 多年前即发明了豆腐制作的中国逐渐告别豆腐、腐乳、豆豉、豆浆、臭豆腐的年代，敞开心胸欢迎着麦当劳和肯德基。耀眼的霓虹灯下，超重的青少年游荡在快餐连锁店，重复着电视里吞汉堡包的动作，一直吃到吮手指。吉隆坡、新加坡、曼谷、马尼拉、北京、东京……到处都一样，喜剧在重复。年轻人看不起传统食物，他们要吸烟、喝啤酒、吃快餐、摄取过剩的营养，才算跟得上潮流。

荤食之风东渐，不仅仅意味着人民口味的转变，而且面临生存资源的匮乏。因为同一片土地用来耕种，可比用作牧场多养活 10 倍人口。素食主义的提倡和实践刻不容缓。

饮食文化

我们应该奉行什么样的饮食文化？

1. 首先，饮食应该有利于身体健康

心理的健康是身体健康的主因。素食带来心灵的革命。长期食素可以减轻心理压力，形成心理与生活的良性循环。素食主义者放下的不仅仅是屠刀，他也放下了总是向外求索的焦灼，放下了沉湎于物欲的劳碌，可以享受充实、自然的生活，不生活在迷幻之中，保持心情开朗。

许多考古学与人类学的研究成果显示，人类在最初几百万年的进化过程中都是茹素的，后来经历过数次冰河时期，雪藏冰封的大地无法生长足够的蔬菜、水果、坚果等食物，人类不得已才开始吃肉。总归一句话，人类开始吃肉，完全是冰河时期惹的祸。

从营养来说，20 世纪 50 年代，科学家认为蔬菜蛋白质次于肉类蛋白，后来的医学却证实，蔬菜蛋白质不仅具有同等的营养价值，而且比肉类蛋白质更好吸收，几乎不分解出代谢毒素。

从人体生理构造的特性来看，人类似乎也更适合素食，不应吃肉类。肉食动物如豹、狼、虎、豹、狮，都有利爪可以去扑杀其他动物，并有尖锐突出的犬齿可以撕裂猎物的肉块；而这些，人类一概没有。肉食动物的消化系统简而短——只有身体的3倍长，能快速地排除肉类在肠道内腐败产生的细菌，以避免血液被毒化；而人类的肠道是身体的20倍长，与果食、草食动物类似，却与肉食动物大不相同。肉食动物胃酸是人类的20倍，如此强烈的胃酸，才足以消化坚硬的肉与骨头。人的碱性唾液内有很多酵素，有利于消化谷类。就本能反应看，人类不会扑到别的动物身上去撕咬它的肉、吸吮它的血，虎、豹之流的动物也不会在扑杀猎物之后，好整以暇地起灶升火，腌、卤、煮、炸一番再点上蜡烛，用刀、叉、匙、筷享用浪漫的大餐。

2. 应当有利于道德进步

圣雄甘地说："一个国家的伟大与否及它在道德方面的进步如何，只要看它的牲畜受到怎样的待遇，就可以知道了。"我们要成就自己的事业，要生活在一个和谐有序的社会中，都应当把高尚的道德放在首位。古今中外名人的事例，无不印证着这一点。美国历史上著名的总统林肯是一个成功人士典范。他虽然没有特殊的宗教信仰，却也是一个极富慈悲心肠的人。他一生不喜欢看到别人遭受委屈，因此废掉了奴隶制。他的爱心也普及到了动物身上。还在很小的时候，林肯看见父亲准备射杀一头小鹿时，便故意把它吓跑了。父亲怒不可遏，林肯恳切地说："上帝对小鹿的爱可能和人类一样多。"他的博爱是一贯的。内战中，南部军队投降后，有些激愤的群众想吊死那些士兵，遭到了总统的拒绝。他不仅强调要公平对待投降者，甚至还赦免了那些被判处死刑的逃兵。

不仅伟大的人物要有伟大的道德，一般的人物，乃至动物也是如此。《大智度论》中说，过去海边有一棵树，根深叶茂，能覆盖五百辆车。树下居住着野雉、猕猴和大象。他们三个虽然是亲友，却并不

互相尊重。为此，他们商议按长幼定尊卑。象说："我最大，我记得这棵树长到我的腹部时的情形。"猕猴跳出来："我大，我记得这棵树刚刚长出来的样子。"野雉最后发言："我忘了从哪里衔来一个果子，吃完后把核吐在这里，便长出了这棵树。"他们于是推尊野雉为长辈，猕猴居中，象为下辈。出外时，大象驮着猕猴，猕猴背着野雉。雉教导二兽行十善业，都乐于遵行。它们的故事迅速传播开来，世人都受到教化，相互尊重。

参与现代的素食主义运动的人大多不是出于健康的考虑，而是为了道德的完善。素食要求我们表现出自己的慈悲心，也仅仅要求我们拿出慈悲心。何乐而不为呢?

3. 有利于可持续发展

很多伟大的文明从历史的地平线上消失了。他们覆灭的原因却很简单：表土层肥沃土壤流失。现在，发达国家中64%的耕地用来生产牲口饲料，种植蔬菜和水果的耕地仅占2%。有85%的耕地、草原、农场和森林的表层肥沃土壤流失是直接由牲口饲养造成的。美国生产出来的玉米被人类消耗的只有20%，其余的80%都被牲口吃掉了。人类的食物本来是谷物加蔬果的，人却放着不吃，拿去喂牲畜，然后吃牲畜的肉。这一转折，等于用 15 份的谷和黄豆，才能换得 1 份肉吃；其他的 14 份全化成了牲畜的粪尿排泄掉了。

改变饮食结构就意味着改变我们这个星球的面貌，素食将使我们生活在一个更加山清水秀的环境中。

4. 有利于灵魂的升华

对动物的剥削，与任何一种宣扬慈悲、博爱的宗教都不相容。世界主要宗教的教义中都有关于素食主义的论述。印度教、佛教和耆那教都是素食主义的。锡克教的创立者那那克·德夫也只吃蔬菜类食物。

素食主义与犹太教的精神、理想是一致的。亚伯拉罕·以萨克·库克是以色列建国以前的第一位拉比大主教，他专门撰写了《和平与素食主义观》一书，说明素食主义的传统是隐含在犹太教的教义中的。著名的犹太教领袖所罗门·冯·伊萨科拉比教导说："上帝不允许亚当和他的妻子杀害任何一种生物，把他们的肉作为食物。他们只能一起食用各种绿色植物。"这种诠释受到很多享有盛誉的宗教领袖的赞同。

伊甸园和天堂中没有杀戮的行为，所有不同的物种都和平地生活在一起。这是犹太教、基督教和天主教共同承认的。受其影响，英国小说家 H·G·威尔斯的作品《一个现代的乌托邦》中，整个世界都没有肉食。那里的人们都受过教育，各人物质环境之精美，也大致相同。几乎找不到一个愿意宰猪杀牛的人，也根本没有食肉的卫生问题。

著名的宗教家中，伊斯兰教的创立者穆罕默德是否为素食主义者至今尚无定论。但公认他是一位极富同情心的人。

一种宗教，越是古老，慈悲的立场就越是坚定。越是古老，就越是接近素食主义。

众善奉行，当下庄严

做一个素食主义者是快乐的，也是受人尊重的。因为素食对健康、环保、道德修养和宗教修行都有非常明显的好处。古往今来的伟大宗教家均是素食者，东西方的哲人智者也不断敦促人们养成素食风气。以前的素食一度仅限于精英阶层中。奉行素食的人被人们敬而远之，仿佛他们是一些狂热、怪僻、落落寡合、不合群的人，为了一点精神上的原因而放弃了生活的情趣。现在，素食主义已经成为一种非常显而易见的生活选择，被全世界上千万人欣然接受。只有那些屠宰场和药品公司以及通过它们牟利的人们在这种充满同情心的文化复兴面前惊恐不安。素食者宣称他们比荤食时更舒适、更健康、更有活力。现在确实到了进行一场饮食的良性革命的时候了。

现在，越来越多的人接受素食，希望享受它带来健康与美味。天然纯净素食成为21世纪饮食新潮流。素食者越来越受到尊重，能以素食款待宾朋被视为高雅的礼仪。我们也可以从自身做起，从现在做起，从我们的厨房做起，为家人和朋友树立一个健康的典范，邀请他们一起把动物的血和肉从锅碗瓢盆中清除出去，把充满清净慈悲氛围的环境建立起来。

下定决心之后，真正成为一个素食者并不困难，所要做的就是克服心理障碍和改变饮食习惯。一般来说，素食没有年龄限制，一生下来就可以吃素，终生都可以吃素。肉食者中，有的人一旦明白了素食的好处，从此就荤腥不沾，毫无犹疑。不过，大多数人都需要经历一个由“半素”到“纯素”的适应过程。其实，不必要求自己在一夜之间成为百分之百的纯素食者。可以先了解自己的身体状况和食物的营养价值，然后确定一种渐进式的实践步骤，轻松快乐地踏上素食的道路。

初期素食时，不必牺牲个人对某些食物的偏好，可保留一些不得不吃的食物，但不能停留太久。例如，可以从佛教所说的“净肉”做起，不吃专门为自己杀的动物的肉。接下来戒掉鱼肉，因为鱼腹中往往有无数的鱼子，吃一条鱼会损害无数的生命。习惯之后，逐渐不吃猪肉、牛肉，再渐渐戒掉鸡鸭肉和海鲜。同时，增加吃全素的顿数，顺利过渡到全素食的人生。

或者，可以借鉴一下八关斋戒的做法，用一段较短的时间来适应。完全素食两三天，会觉得新奇而有趣，接下来却会觉得过分清淡，身体也有反应，仿佛营养不足。这种反应十分正常。如果能够坚持到七八天，这一关就算过了。这个时候，身体上会有清洁、轻松的感觉，精神好像也清爽了一些。有了这番经历，便会自信，不必依赖肉食也可以生活了。在素食的道路上，这可以说取得了阶段性成果，以后便会比较顺畅了。

在此期间，逐渐改变自己的生活态度、生活节奏和价值取向最为重要。让自己生活得简单、自然、清淡、和谐，如果能够附带一些禅修活动，素食所带来的愉悦会更加明显。最好多跟素食的朋友来往，感受素食带来的轻松愉快的气氛。通过学习菜谱或其他方式提高厨艺，发掘出美味又有营养的素食食品和烹饪佐料。或到其他地方多吃一些口感较好的素菜。

素食和肉食都只是一个习惯，都可以改变。不过，掌握一些方法也是必要的。当我们看到满桌的鸡鸭鱼肉、佳肴美酒时而馋涎欲滴时，不妨用用佛教的“不净观”。联想一下陈列的不过是一具具破碎的尸体，联想一下动物被杀死的万般痛苦、失声惨叫，联想一下它可能是我们的朋友……或者，吃鱼时想象一下鱼在水中自得其乐的样子，吃牛时想想它可能感染了疯牛病……同情心生起，便会感到更大的快乐。

在吃素的过程中，身体也有一个适应的过程。头两三个月中，有的人容易着凉，或产生腹泻、头晕、腹腔鼓气等现象；心理上的反应也会反映到生理上来，如嗅到肉香就会分泌唾液等。这些反应都是正常的，他们不会导致胃病，不必大惊小怪。不过，有针对性地安排一下自己的饮食会适应得快一些。首先，一日三餐可以增强规律性，俗话说，早餐好，午餐饱，晚餐少，这种方式值得借鉴。同时，针对腹泻、头晕等现象，可适当少食多餐。第三，素食者不要成为“营养盲”，不要偏食，要尽量多吃不同种类的谷物、豆类、蔬菜、水果，增加吸收不同营养的机会，既达到了均衡营养的目的，也可以使味道多元化，体验丰富的品味。

初期吃素的人还会感受到周围的压力，遇到人际关系的问题。好在现在人们的观念都比较宽容、开放，相互之间对于私生活的干涉较少，这些问题基本上都是可以化解的。但是，素食者也应当注意自己的形象，不要给家人、朋友、同事等留下孤僻、偏激、清高的形象。一般而言，一个人对自己的行为的观念越是清晰，便越有信心，只要乐于交流，就有助于维持良好的人际关系。内心具有坚定信仰，会产生更大的帮助。

对于最亲近的人，不要排斥他们的饮食习惯，一般不要把素食主义强加给他们，不要由此而造成争吵，影响到相互之间的关系。遇到对立的时候，自己最好低调一些。要相信，相处不是一天两天，有的是机会展现自己。如果自己的健康状况良好，不说话便会发挥出意想不到的影响力。日常生活中如果能够讲出一些新颖有趣的素食知识，就会逐渐获得认同和支持。

奉行素食是光明正大的事，不必扭扭捏捏，遮遮掩掩。即使在与工作相关的餐桌或宴席上，也大可不必隐瞒。相反，愈是自然，愈是不会让人觉得不方便，愈是能够达到宾主尽欢的效果。一般的宴会都会有素菜，不必特别准备什么。特殊情况下，可以事先告知主办人准备素食，以避免别人大快朵颐时自己没有吃的，晾在一旁，郁郁寡欢。

养成素食习惯后，再逐渐减低对蛋类和乳制品的摄取，同时增加蔬果的数量，从种子，坚果之类的摄取油、淀粉、矿物质等。在选择食物的过程中，就会对营养学和自己的身心世界有越来越深的认识。

大体上，三年之内一定可以成为基本的素食者。不过由新陈代谢而反映到身体的影响所需的时间则是另一回事。成熟的红血球释放到血液中，大概经过 120 天后便会分解。从全素食那天开始，四个月左右体内的血液便换成了新的，没有了肉食的成分，人多少会变得年轻、漂亮一些。骨骼转换的周期要长一些，7～10 年，就可以脱胎换骨了。